PETIT

QUESTIONNAIRE AGRICOLE

PETIT

QUESTIONNAIRE AGRICOLE

A L'USAGE DES ÉCOLES PRIMAIRES

DES

PAYS DE PATURAGE

PAR

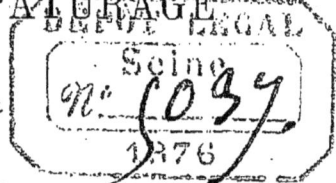

M. Edmond TEISSERENC DE BORT

SECRÉTAIRE PARTICULIER ATTACHÉ AU CABINET DU MINISTRE DE L'AGRICULTURE
ET DU COMMERCE.

PARIS

LIBRAIRIE AGRICOLE DE LA MAISON RUSTIQUE
26, RUE JACOB, 26

1876

AVANT-PROPOS

Le comice du canton d'Ambazac voulant répandre dans les campagnes les premières notions d'une agriculture raisonnée, décerne chaque année une médaille d'or à celui des instituteurs de sa région qui a le plus contribué à propager l'enseignement agricole.

Pour juger des résultats obtenus, il a institué un examen public dans lequel les élèves des écoles primaires sont interrogés d'après un programme arrêté à l'avance. Les enfants qui répondent le mieux reçoivent en prix des ouvrages d'agriculture, et la médaille d'or est attribuée à l'instituteur qui dirige l'école classée au premier rang par l'examen.

Chargé de rédiger le programme de cet examen, j'ai passé en revue les divers traités élémentaires qui existent aujourd'hui dans le commerce. Nulle part je n'ai trouvé un travail qui répondît aux besoins de nos exploitations rurales, dans lesquelles toutes les opérations gravitent sur l'aménagement des prés, l'élève, l'entretien et l'engraissement du bétail. J'ai donc été amené à composer un questionnaire plus spécialement approprié à l'enseignement élémentaire de l'agriculture dans les pays de pâturages. Telle est l'origine de ce petit volume, tel est le but pour lequel il a été rédigé.

T. B.

PETIT
QUESTIONNAIRE AGRICOLE

A L'USAGE

DES ÉCOLES PRIMAIRES DES PAYS DE PATURAGES

PREMIÈRE PARTIE
PHÉNOMÈNES DE LA VIE DES PLANTES.

L'AIR. — L'EAU. — LE SOL. — LE SOUS-SOL

> Nos neveux s'étonneront un jour
> que, dans un pays comme la
> France, où tout vit de la terre,
> on n'ait pas commencé par
> enseigner aux enfants, après les
> remerciements au Créateur,
> l'art de la cultiver et d'y vivre
> heureux.
>
> BLANQUI, de l'Institut.

CHAPITRE PREMIER

DE L'AGRICULTURE

Qu'est-ce que l'agriculture?

L'agriculture est l'art de cultiver la terre et d'en
obtenir des produits utiles à l'alimentation de l'homme.

Comment l'agriculture poursuit-elle ce but?

En s'appliquant à faire naître et à placer dans les
conditions les plus favorables à leur développement
les plantes et les animaux destinés à la satisfaction de
nos besoins.

1

Quelles sont les principales opérations qu'elle comprend?

Il y en a quatre principales, qui sont :

1° La préparation des terres : défrichement, assainissement, amendement, fumure et labourage du sol;

2° La culture proprement dite des plantes : ensemencement et entretien durant la croissance;

3° La récolte et la conservation des produits;

4° L'élève et l'entretien du bétail.

Comment peut-on acquérir la connaissance de ces opérations?

Par l'étude et par la pratique.

Qu'est-ce que l'étude apprend à l'agriculteur?

Elle lui permet de se rendre un compte raisonné du but et des effets des diverses opérations consacrées par la pratique, et par suite d'améliorer ces opérations quand elles sont défectueuses ou qu'elles réussissent mal dans le sol auquel on les applique. Elle lui donne les moyens de remédier aux accidents qui viennent si souvent déranger la marche régulière de ses travaux et tromper ses prévisions ; enfin, elle le défend contre beaucoup d'erreurs et de préjugés qui circulent dans la campagne et qui causent la ruine de l'agriculteur.

Comment s'acquiert la pratique?

En exécutant les divers travaux agricoles sous la direction d'un bon cultivateur.

CHAPITRE II

DES PLANTES

Qu'est-ce que les plantes?

Ce sont des êtres vivants qui ne peuvent changer spontanément de place, mais qui sont pourvus, comme les animaux, d'organes pour se nourrir et reproduire des sujets de même espèce. Comme les animaux, elles ont besoin pour naître, grandir et fructifier, d'air, de chaleur et d'une alimentation appropriée à leur nature.

Comment appelez-vous les organes de la nutrition ?

On les désigne sous le nom de racines, tiges et feuilles.

Et les organes de la reproduction?

Ce sont les fleurs par lesquelles se forment les fruits ou la graine.

Quelle est la fonction de la racine?

La racine est l'organe qui recueille dans le sol les éléments nécessaires à l'alimentation de la plante. Son mode de locomotion consiste dans la possibilité de s'allonger et de se multiplier en tous sens pour aller à la recherche des substances nutritives mises à sa portée. Elle choisit parmi ces substances celles qui conviennent au développement de la plante, et elle les aspire à l'état de dissolution aqueuse, au moyen de petites bouches placées à l'extrémité de ses radicelles.

Qu'est-ce que la tige?

La tige est le corps de la plante, l'organe de la végétation au sein duquel se réchauffent, s'élaborent et se transforment en suc nourricier ou séve les aliments recueillis par les racines.

Elle est remplie de vaisseaux par lesquels la séve monte vers les feuilles puis redescend dans les racines.

Quel est le rôle des feuilles?

Les feuilles sont les organes de la respiration des plantes, le milieu dans lequel la séve se complète sous l'action des rayons solaires en absorbant les principes de l'air nécessaires à sa perfection.

C'est en sortant des feuilles que la séve rebrousse chemin vers les racines et forme les fleurs, le chaume des plantes ou le bois des arbres.

Qu'est-ce que la fleur ?

C'est l'organe de la reproduction, l'origine de la graine ou du fruit. Elle se compose d'une enveloppe plus ou moins colorée qui protége les organes de la reproduction appelés étamine et pistil.

Enumérez les conditions nécessaires à la végétation des plantes ?

La végétation exige le quintuple concours de l'air, de la chaleur, de la lumière, de l'humidité et de la présence dans le sol des substances nutritives nécessaires à la formation des plantes.

Comment sait-on que l'air est nécessaire à la vie des plantes ?

Parce que les graines enfoncées assez profondément dans la terre pour que l'air n'arrive pas jusqu'à elles ne germent pas et que les plantes placées sous une cloche dont l'air n'est pas renouvelé s'étiolent et meurent promptement.

Et la chaleur, et la lumière, quelles preuves a-t-on de leur nécessité ?

Cette preuve ressort de l'observation des effets que produisent le froid et l'obscurité. En hiver la végétation est arrêtée et dans une obscurité complète, aucune plante ne peut se développer.

L'eau est-elle indispensable à la végétation ?

C'est encore l'expérience qui nous apprend que, dans un sol complétement sec, les graines ne germent pas et la végétation s'arrête. Les plantes contiennent toutes dans leurs tissus une proportion considérable d'eau qui est puisée par les racines. C'est aussi par l'action de l'eau que les substances nutritives contenues dans le sol sont dissoutes et peuvent être absorbées par les radicelles des plantes.

Comment montre-t-on que les plantes ont besoin de substances nutritives pour vivre ?

En semant des graines dans du sol vierge comme du

sable de rivière ou du tuf bien lavé et arrosant avec de l'eau purifiée par la distillation, on constate que la plante après avoir germé s'étiole et meurt, tandis que si l'on mélange des substances nutritives avec le sable ou avec l'eau employée à l'arrosage, elle se développe avec vigueur comme elle le ferait dans une terre bien fumée.

Comment peut-on reconnaître quelles sont les substances nécessaires à la nourriture des plantes ?

Les savants les ont déterminées en analysant par les procédés de la chimie la cendre des divers végétaux, mais on peut aussi arriver au même résultat par l'expérience, en variant les engrais que l'on donne à une même plante et constatant l'effet produit par chacun d'eux.

Vous avez dit que les plantes font un choix dans les substances mises dans la terre à leur portée. Elles ne se nourrissent donc pas toutes de la même manière ?

Non, de même que les animaux qui consomment les uns du grain, les autres de l'herbe, d'autres encore des tubercules ; les plantes ont des préférences. Chacune d'elles choisit dans les engrais celles des substances nutritives qui conviennent le mieux à son développement et laisse les autres substances dans le sol.

Quelle est la durée de la vie des plantes ?

Elle varie beaucoup suivant les espèces. Certains végétaux comme le blé font leur évolution complète dans le cours de quelques mois ; d'autres subsistent pendant deux ou plusieurs années, d'autres enfin, comme les arbres, vivent souvent au-delà d'un siècle.

Quelles sont les parties des plantes qui sont utilisées pour la satisfaction des besoins de l'homme et des animaux ?

Les plantes sont cultivées les unes pour leur racine, comme les carottes, les pommes de terre ; les autres pour leurs tiges, comme le chanvre et les arbres ; d'autres

pour leurs feuilles, comme les choux, le tabac, les fourrages ; d'autres pour leurs fruits, comme le blé, la châtaigne ; d'autres enfin pour leurs fleurs, comme les
plantes pharmaceutiques ou les plantes odorantes employées par la parfumerie.

CHAPITRE III

DE L'AIR

Qu'est-ce que l'air ?

C'est un fluide gazeux qui nous enveloppe de toute
part et qui joue un rôle prédominant dans la vie des
êtres organisés. Il entretient leur respiration, conserve
ou altère leur santé suivant qu'il est plus ou moins
pur. Les principes qu'il contient fournissent à la végétation plusieurs de ses éléments essentiels. C'est par
son action que se produisent toutes les fermentations
qui donnent naissance aux boissons telles que le vin,
le cidre, la bière, à la production des fumiers, à la décomposition des corps. C'est dans l'air que se forment
les nuages qui nous donnent la pluie et entretiennent
les sources, c'est par son intermédiaire que deviennent
sensibles les variations climatériques : le chaud, le
froid, les brouillards, les vents, les orages.

Comment est-il composé ?

Il est formé par le mélange de deux corps gazeux,
l'un appelé oxygène, qui est le principe actif de la respiration, de la germination, de la fermentation, de la
combustion ; l'autre nommé azote, qui est complétement
inerte et qui a pour rôle de tempérer l'énergie de l'oxygène et de fournir à l'organisme des animaux et des
plantes un de ses éléments constitutifs les plus essentiels. L'azote seul est impropre à entretenir la vie. Il

asphyxie les êtres vivants, il éteint le feu, il empêche la germination.

L'air ne contient-il pas d'autres substances ?

Il en renferme un grand nombre, mais en proportions variables suivant les temps et les lieux. Ainsi, il contient :

1° L'humidité provenant de l'évaporation de l'eau à la surface de la terre, des mers et des cours d'eau, ainsi que de la respiration et de la transpiration des plantes et des animaux ;

2° Le gaz produit par le feu des cheminées, par la fermentation des liquides, par la respiration des animaux, par les exhalaisons des feuillages des plantes pendant la nuit ;

3° Diverses substances minérales tenues en dissolution dans l'humidité de l'air ou en suspension sous forme d'une poussière très-facile à distinguer quand on examine un rayon de soleil qui pénètre dans un lieu obscur ;

4° Enfin, les débris d'une foule d'insectes microscopiques et les émanations des corps des hommes et des animaux.

Le gaz produit par la combustion, la fermentation, la respiration et les exhalaisons du feuillage des plantes pendant la nuit peut-il s'accumuler dans l'air en grande quantité sans inconvénient?

Il devient nuisible et asphyxie les êtres vivants sitôt qu'il entre dans la composition de l'air pour plus d'un centième ; ainsi, il suffit de faire brûler un réchaud de charbon ou de laisser fermenter une cuve de vin dans une chambre fermée, pour causer la mort des personnes ou des animaux qui s'y trouvent. De même, quand un grand nombre de personnes ou d'animaux restent longtemps enfermés dans une salle bien close, ils éprouvent un sentiment de malaise et d'oppression qui peut aller jusqu'à l'asphyxie. Le même effet est produit quand on passe la nuit dans un appartement garni de plantes.

Quel nom a-t-on donné à ce gaz?
On le nomme acide carbonique.

Quelles conséquences pratiques doit-on tirer de cette observation?
Qu'il faut avoir soin de renouveler fréquemment l'air des logements des hommes et des étables des animaux, si l'on veut maintenir partout la bonne santé.

Comment expliquez-vous que l'air qui reçoit depuis tant de siècles l'acide carbonique provenant des sources que vous venez d'énumérer ait pu garder sa pureté?
Parce que le feuillage des plantes absorbe cet air vicié pour y prendre sous l'action des rayons solaires l'élément qui le rendait irrespirable et en faire sa nourriture, après quoi il le rejette dans l'atmosphère entièrement purifié.

Comment l'air vicié est-il mis à la portée des feuillages des plantes?
Par les variations de température qui engendrent les courants d'air et les vents.

Les mouvements de l'air n'ont-ils pas d'autres effets utiles?
Ils assainissent les localités infectées par des émanations insalubres telles que celles qui résultent de la putréfaction des corps des animaux et de la fermentation des fumiers; ils entraînent dans l'atmosphère des principes fertilisants empruntés soit aux eaux de la mer, soit à l'écorce terrestre, soit à diverses fermentations; ils portent à de grandes distances et répandent sur leur passage les graines légères et contribuent ainsi à entretenir la végétation sur les sols non cultivés; ils facilitent la fécondation des plantes en amenant le contact des organes de la reproduction végétale.

Que deviennent les principes fertilisants contenus dans l'atmosphère ?

Ils sont entraînés sur la terre par les pluies et fournissent ainsi aux sols non cultivés le moyen de nourrir des herbes et des plantes sauvages.

L'air n'exerce-t-il pas un autre genre d'action sur le sol ?

Il exerce sur le sol une action mécanique : il le pénètre, il le désagrége, il lui donne une porosité indispensable pour les besoins de la végétation.

CHAPITRE IV

DE L'EAU

Qu'est-ce que l'eau ?

C'est une substance universellement répandue dans la nature, que nous sommes plus particulièrement habitués à considérer sous la forme liquide, dans les cours d'eau, dans la pluie et la rosée, mais qui, suivant les variations de la température, peut encore se présenter sous la forme solide de la glace, de la grêle, de la neige, du givre, ou sous la forme de vapeurs invisibles répandues dans l'air, et de vapeurs visibles appelées brouillards et nuages.

L'air contient-il une grande quantité d'eau?

Il en peut contenir une quantité d'autant plus grande que la température est plus élevée.

Quelle preuve très-élémentaire pouvez-vous donner de cette vérité ?

Les corps mouillés, les flaques d'eau se dessèchent d'autant plus vite qu'il fait plus chaud, ce qui montre que l'eau s'évapore d'autant plus facilement dans l'atmosphère que la température est plus élevée.

1.

Quand l'air est ainsi rempli de vapeur d'eau invisible et que la terre se refroidit, qu'arrive-t-il ?

Une partie de la vapeur invisible se change en brouillard et forme d'abord les nuages, puis ensuite la pluie qui ramène l'eau sur la terre et donne ensuite naissance à un nouveau travail d'évaporation.

Quel rôle joue l'eau dans la végétation ?

Elle y joue un rôle indispensable, car elle forme une partie importante des tissus végétaux, et elle donne aux substances qui servent à l'alimentation des plantes la forme liquide nécessaire à leur absorption.

La pluie apporte, en outre, à la terre les éléments de fertilisation contenus dans l'air.

Toutes les eaux sont-elles également propres à la végétation ?

L'eau ayant la propriété de dissoudre la plupart des corps avec lesquels elle est mise en contact, sa qualité, comme agent de végétation, varie beaucoup suivant la source à laquelle elle a été puisée. Les eaux provenant de sols calcaires, les eaux qui ont traversé des pays bien cultivés, les eaux qui ont traversé les rues et les cours des villes et des villages sont très-fertilisantes, pendant que les eaux croupissantes, les eaux provenant des bois et des sols tourbeux nuisent à la végétation ou ne font pousser que de mauvaises herbes telles que les joncs, les carex.

N'y a-t-il pas des circonstances dans lesquelles les bonnes eaux elles-mêmes peuvent nuire à la végétation ?

Toutes les eaux deviennent nuisibles, quand elles s'accumulent en assez grande quantité pour empêcher l'air d'arriver aux racines des plantes, car alors elles noient les végétaux comme elles noieraient l'animal plongé dans leur sein.

Par quelle expérience bien simple met-on en relief cet effet produit par l'eau ?

En plantant un végétal dans un pot dont le fond est percé d'un trou, et donnant un arrosage quotidien avec de l'eau de bonne qualité, on remarque qu'à la suite de chaque arrosage la plante prend de la force et du développement, tandis que si la plantation a été effectuée dans un pot sans ouverture inférieure, chaque arrosage rend plus languissante la plante qui finit par mourir quand toutes ses racines sont noyées par l'eau qui manque d'écoulement.

N'y a-t-il pas des terres qui ressemblent à des pots de fleurs sans ouverture et dans lesquelles l'arrosage des pluies gêne la végétation au lieu de la féconder ?

Oui, les terrains imperméables, désignés dans nos campagnes sous le nom de Conroy, sont dans ce cas.

Pour rendre l'arrosage profitable dans ces terres, que faut-il faire ?

Il faut imiter ce qu'on obtient dans les pots à fleurs par le trou du fond, en exécutant au-dessous du sol des aqueducs qui donnent de l'écoulement à l'eau.

Comment peut-on améliorer les eaux gâtées par le croupissage ou par la traversée des terres tourbeuses ?

En les réunissant dans de grands réservoirs dans lesquels elles se reposent, s'aèrent, se réchauffent et déposent les matières acides dont elles étaient chargées.

Les pêcheries et les étangs rendent ce genre de service.

Quel effet produit sur le climat la grande abondance de l'eau ?

Elle tempère les climats brûlants et donne à la végétation une vigueur luxuriante ; mais elle refroidit les climats tempérés et les soumet aux inconvénients des gelées tardives et des brusques variations de température.

CHAPITRE V

DU SOL

Qu'est-ce que le sol actif pour l'agriculture ?

Le sol actif, communément appelé terre végétale, est la couche de terre soumise à la culture dans laquelle les plantes prennent naissance, cherchent leur nourriture et conservent leur point d'appui pendant la durée de leur vie.

Comment a-t-il été formé ?

Par la décomposition successive des rochers qui forment la croûte terrestre et l'accumulation des détritus et des débris des diverses végétations.

Le sol est-il partout identique ?

Non, il diffère beaucoup d'un pays à un autre pays et même d'un champ à un autre champ, soit par sa composition chimique, soit par son aspect physique.

Quelles sont les variétés les plus accusées ?

Le sol peut être siliceux, argileux, tourbeux, calcaire, suivant que la silice, l'argile, la tourbe ou la chaux prédominent dans sa composition. Il peut se présenter sous l'aspect de terres légères et sablonneuses ou de terres fortes et compactes, de terres pulvérulentes ou de terres pierreuses, de terres imperméables et froides ou de terres sèches et brûlantes.

D'où viennent ces différences ?

Elles résultent des proportions dans lesquelles se trouvent associés les éléments que je viens d'énumérer et de l'état d'agrégation dans lequel se présentent ces éléments.

Le sol est-il quelquefois exclusivement composé ou de silice, ou d'argile, ou de chaux ?

Oui, il y a des sols uniquement formés d'une de ces matières, mais ils sont complétement stériles. Le sol cultivable réunit toujours plusieurs d'entre elles mélangées en diverses proportions.

Qu'est-ce que le sol siliceux ?

C'est le sol dans lequel le sable domine. Il est ordinairement très-sec au toucher, très-friable et très-perméable à l'eau.

Qu'est-ce que le sol argileux ?

C'est celui qui contient une forte proportion d'une substance onctueuse, grasse, collante qu'on nomme argile ou terre glaise. Il a beaucoup plus de consistance que le sol siliceux et garde longtemps l'humidité.

Qu'est-ce qu'un sol calcaire ?

C'est une terre en majeure partie composée de calcaire ou carbonate de chaux. Le sol calcaire est sec et brûlant.

Qu'est-ce qu'un sol tourbeux ?

C'est un sol entièrement formé de végétations à demi carbonisées et transformées par un long séjour sous l'eau en une matière noire et acide appelée tourbe. Les terres tourbeuses sont spongieuses, humides, élastiques et très-froides.

Les substances minérales que vous venez d'énumérer sontelles les seules qui se rencontrent dans le sol ?

On trouve en outre dans un grand nombre de sols des matières ferrugineuses qui colorent la terre en jaune, en rouge ou en brun, suivant leur état d'oxydation ; des phosphates de chaux, de la potasse et des débris organiques.

Tous les sols sont-ils également propres à développer la végétation des plantes utiles à l'homme ?

Non, leur efficacité pour produire de belles récoltes est très-différente, car les uns sont presque stériles pendant que les autres possèdent une merveilleuse fécondité.

Quelles sont les qualités et les défauts des terres siliceuses ?

Les sols siliceux sont faciles à travailler, mais ils manquent de consistance et de résistance aux variations de l'atmosphère. L'humidité les pénètre et les quitte avec une égale facilité, les engrais qu'on leur confie se décomposent avec rapidité et ne s'emmagasinent pas dans leur sein. Ils sont ordinairement peu fertiles.

Et les terres argileuses, par quels caractères se distinguent-elles ?

Les terres argileuses, aussi appelées terres fortes, sont très-difficiles à travailler. Après les pluies elles deviennent tellement collantes que l'on ne peut y faire pénétrer les animaux ; traverse-t-on au contraire une période de sècheresse, elles se fendent et durcissent à ce point que leur labour est impossible, mais en revanche elles enmagasinent parfaitement les fumures qu'elles reçoivent et donnent de très-belles récoltes quand elles ont été suffisamment préparées et rompues par des fumures abondantes et des labours multipliés. Quand l'argile entre dans une proportion assez forte pour retenir complétement les eaux pluviales, les sols argileux ne deviennent fertiles que quand on leur a donné une suffisante perméabilité en les coupant par des fossés.

Quel est le fort et le faible des terres calcaires ?

Le calcaire est dans la constitution de la terre arable un élément des plus utiles, car il réchauffe le sol, il le divise, il accélère la décomposition des engrais ; mais il garde mal l'eau, il se dessèche rapidement sous l'influence des rayons solaires et alors il brûle les plantes. Quand il entre en trop forte proportion dans la composition du sol, il ne convient guère qu'à la vigne, mais associé aux autres principes minéraux, tels que la silice et l'argile, il forme de très-bonnes terres à blé.

Quels sont les sols les plus propres à la culture ?

Ceux qui contiennent tous les éléments que nous venons d'énumérer. La silice augmente la perméabilité de l'argile, l'argile rend le calcaire moins brûlant et la silice plus consistante, elle retient l'eau et les engrais que la silice et le calcaire laisseraient échapper ou brûleraient. L'oxyde de fer colore la terre, la rend plus propre à absorber la chaleur. En un mot, ces divers minéraux se complètent et se corrigent l'un par l'autre. La silice, la chaux, la potasse, l'acide phosphorique, le fer entrent d'ailleurs dans la composition des plantes et doivent se trouver dans le sol où elles puisent leur nourriture.

Quel nom donne-t-on à une terre qui les réunit tous ?

On l'appelle terre franche.

La terre franche se trouve-t-elle dans la nature ?

Elle se rencontre surtout dans les vallées des grands fleuves. Les petites rivières dont la réunion forme ces grands cours d'eau, parties des points les plus opposés et des sols de nature la plus diverse, entraînent avec elles des débris des terrains qu'elles arrosent et elles déposent ces débris le long de leurs rives chaque fois qu'une crue les fait déborder. Ces dépôts constituent à la longue des terres de qualité supérieure.

Ne peut-on imiter ce travail de la nature et donner aux sols incomplets les principes qui leur manquent ?

L'agriculteur intelligent doit en effet s'attacher à remédier aux imperfections du sol qu'il cultive et à lui donner autant que possible les qualités d'une terre franche.

Enoncez les genres de travaux les plus ordinairement effectués pour arriver à ce résultat ?

Ces travaux sont de deux natures : les uns ont pour

but d'améliorer le sol, les autres de compléter sa constitution chimique. On améliore la constitution physique du sol par les labours profonds, le drainage,
l'écobuage. On améliore sa constitution chimique par
les chaulages, les phosphatages, et les fumures.

CHAPITRE VI

DU SOUS-SOL

Qu'est-ce que le sous-sol ?

Le sous-sol est la couche de sol vierge placée au-
dessous du sol cultivé.

Le sous-sol est-il partout identique ?

Non, il varie au moins autant que le sol, car il peut
être calcaire ou granitique, formé de terre d'alluvion,
de sable ou de tuf perméables, de bancs de rocher, de
fonds de glaises ou de cailloux imperméables.

Quelle influence le sous-sol exerce-t-il sur la culture du sol?

Cette influence est d'autant plus grande que la
couche de sol cultivable est moins épaisse.

Quand cette influence est-elle la plus fâcheuse ?

C'est quand au-dessous d'une couche arable plate et
de peu d'épaisseur se trouve un sous-sol imperméable,
car alors, les eaux de pluie étant retenues comme dans
une cuvette, le sol devient froid et impropre à la végétation.

Quel remède peut-on opposer à cet inconvénient ?

On ne peut remédier à cet inconvénient qu'en
donnant un écoulement à l'eau par des coupures convenables pratiquées dans le sous-sol et quand il s'agit
de bancs de glaise par le travail appelé drainage.

DEUXIÈME PARTIE

AMÉLIORATION DE LA CONSTITUTION PHYSIQUE ET CHIMIQUE DU SOL.

DÉFONCEMENT. — DRAINAGE. — AMENDEMENTS. — FUMURES.

> On peut, à première vue, lors-
> qu'on entre dans la cour d'une
> ferme, juger de l'industrie,
> du degré d'intelligence d'un
> agriculteur, par les soins qu'il
> donne à son tas de fumier.
> BOUSSINGAULT.

CHAPITRE Ier

DES MOYENS D'AMÉLIORER LA CONSTITUTION PHYSIQUE DU SOL.

Comment peut-on augmenter l'épaisseur de la couche arable ?

En attaquant le sous-sol par des charrues puissantes appelées défonceuses.

Le défoncement est-il toujours possible ?

Il ne peut évidemment être appliqué que tout autant que le sous-sol est susceptible de s'émietter et de s'ameublir.

Indiquez les précautions qu'il faut prendre quand on veut augmenter l'épaisseur de la couche arable.

Le mélange du sous-sol avec le sol actif est une opération qui ne doit être effectuée qu'avec prudence et discernement, car s'il est des cas dans lesquels le mélange du sous-sol avec la couche arable donne les meilleurs résultats, il en est d'autres dans lesquels ce mélange peut paralyser pour quelques années la fertilité de la terre.

Indiquez les occasions dans lesquelles ce mélange est profitable.

Si, par exemple, le sol est argileux et repose sur un sous-sol calcaire, ou bien encore si le sol est siliceux et repose sur un sous-sol d'argile, il arrivera bien souvent que la couche arable gagnera au mélange des deux couches superposées dont les éléments se compléteront l'un par l'autre, le calcaire diminuant la ténacité de l'argile et l'argile donnant au sable la consistance qui lui fait défaut.

Quand le mélange du sol et du sous-sol est-il à éviter ?

C'est quand le sous-sol est d'une nature tellement compacte qu'il n'a pu être pénétré par l'air.

Comment doit-on procéder dans ce dernier cas ?

On doit commencer par rompre la cohésion du sous-sol au moyen de couteaux en fer appelés scarificateurs ou fouilleuses qui ouvrent et brisent le sous-sol sans l'amener à la surface.

Ce n'est ensuite que peu à peu et après un délai suffisant pour que le sous-sol remué ait pu s'améliorer sous l'action de l'air et des fumures qui arrivent jusqu'à lui, que l'on effectue le mélange des deux couches de sol.

Comment peut-on améliorer la constitution physique des terrains trop mouillés ?

En pratiquant dans le champ que l'on veut assainir une série de tranchées parallèles, disposées de façon à recueillir les eaux d'égout du sol et à les déverser dans un fossé qui les porte au dehors.

Quelle est la profondeur la plus convenable à donner à ces tranchées ?

L'expérience a montré qu'il convenait de leur donner de 1 mètre à 1 mètre 20 de profondeur.

A quelle distance les creuse-t-on les unes des autres ?

Cette distance varie beaucoup suivant le degré d'humidité du sol. Il y a des terrains dans lesquels les fossés peuvent être écartés de 10 à 15 mètres, et d'autres qui obligent à les rapprocher de moitié.

Les tranchées d'assainissement peuvent-elles rester découvertes ?

Si elles restaient découvertes, elles ne tarderaient pas à s'effondrer ; elles empêcheraient d'ailleurs les labours et les transports de fumier. On est donc obligé de les couvrir.

Comment procède-t-on à cette couverture ?

Autrefois on construisait dans chaque fossé un petit aqueduc en pierre, mais on a reconnu que pour assurer l'écoulement des eaux il suffisait de remplir le fond de chaque tranchée de pierre cassée sur une épaisseur d'un pied environ. On recouvre de mousse et on finit de remplir la tranchée avec de la terre. Ce genre de travail est connu sous le nom de drainage.

Comment le drainage modifie-t-il la constitution physique du sol ?

Enlevant l'excès d'humidité qui rendait les couches argileuses impénétrables, il amène un fendillement du sol, une désagrégation qui ouvre passage à l'air, à la chaleur et met les plantes dans les conditions les plus favorables à leur développement.

Qu'est-ce que l'écobuage ?

Écobuer, c'est soumettre à une calcination la couche superficielle d'un terrain en friche couvert de plantes sauvages, telles que des bruyères, des genêts ou des ajoncs.

Comment y procède-t-on ?

On pèle la surface du terrain à écobuer en découpant au moyen d'une tranche des plaques de 30 à 40 centimètres de côté. Avec ces plaques, suffisamment séchées par le soleil, on forme, de distance en distance, des fourneaux auxquels on met le feu et qu'on laisse consumer lentement, puis on répand les cendres sur le sol.

Quels sont les effets de l'écobuage?

L'écobuage, dans les terrains argileux, donne de la perméabilité aux terres calcinées, dans les sols tourbeux, il fait disparaître l'acidité. Il enrichit en outre le sol des cendres des végétaux sauvages qui couvraient sa surface.

N'existe-t-il pas d'autres moyens d'améliorer la constitution physique du sol?

Toutes les substances qui sont introduites dans le sol pour améliorer sa constitution chimique ont aussi pour résultat de modifier utilement sa constitution physique, ainsi, les chaulages et les marnages divisent la terre et augmentent sa perméabilité, les fumiers de ferme rendent le sol plus meuble en y introduisant des débris des végétaux qui composent les litières.

CHAPITRE II.

MOYEN D'AMÉLIORER LA CONSTITUTION CHIMIQUE DU SOL.

Comment peut-on améliorer la constitution chimique du sol?

En incorporant dans le sol les substances utiles à la nourriture des plantes qui ne s'y trouvent pas naturellement.

Quelle est la nature de ces substances?

Les unes désignées sous le nom d'amendements sont

minérales comme la chaux, la marne, les phosphates de chaux, les cendres, le plâtre, le sel marin.

Les autres appelées engrais proviennent de la décomposition des matières animales ou végétales telles que les vidanges, les issues d'abattoir, les fumiers, les guanos, les tourteaux, les végétaux enfouis en vert.

D'autres, enfin, sont d'une nature mixte, comme les boues des villes, les sables de mer, les composts.

Amendements. — Chaux, marne, phosphate de chaux, cendres, plâtre, sel marin.

Quel est l'élément minéral qui manque le plus ordinairement dans les sols granitiques ?

C'est l'élément calcaire.

Cet élément est-il indispensable à la nutrition des plantes ?

Le froment, le trèfle, les sainfoins, la luzerne, les légumineuses en absorbent des quantités considérables et ne sauraient prospérer en son absence.

Là où l'élément calcaire fait défaut, comment peut-on l'introduire dans le sol ?

Par l'opération du chaulage ou du marnage qui consiste à répandre sur le sol que l'on veut labourer des quantités plus ou moins considérables de chaux vive ou de marne.

Qu'est-ce que la chaux ?

De la pierre calcaire desséchée par la calcination et rendue ainsi beaucoup moins dispendieuse à transporter, qui se met en poudre quand on lui rend l'eau qu'elle avait perdue.

Qu'est-ce que la marne ?

C'est une pierre composée en majeure partie de chaux et d'argile qui se délite naturellement à l'air.

La chaux et la marne produisent-elles le même effet dans le sol ?

L'action de la chaux est beaucoup plus prompte et

beaucoup plus vive, celle de la marne plus lente et plus durable; la marne a aussi la propriété d'augmenter la consistance du sol par l'argile qu'elle contient.

Le marnage ne serait-il pas préférable au chaulage dans les sols siliceux légers ?

Incontestablement il devrait être préféré s'il n'occasionnait pas des dépenses trop considérables.

Pourquoi donc la pratique du chaulage a-t-elle prévalu dans la plus grande partie du Limousin?

A cause de l'éloignement des carrières de marne et des prix élevés que coûterait le transport. La marne étant généralement dix à quinze fois moins riche en principe calcaire que la chaux vive, il faut porter dix à quinze tombereaux de marne pour obtenir l'effet d'un tombereau de chaux.

L'épandage de la chaux sur les terres ne demande-t-il pas de précautions spéciales.

La chaux vive ne peut être mise en contact immédiat avec les plantes, pas plus qu'avec les fumiers, car elle a la propriété de brûler et de détruire les corps organisés. Elle est d'ailleurs en morceaux plus ou moins gros, quand elle sort des fours. Il faut donc l'éteindre avant de la mélanger avec la terre.

Comment doit-on procéder pour éteindre la chaux destinée à l'agriculture?

Sur le champ que l'on veut chauler, on dépose la chaux par petits tas plus ou moins espacés suivant que l'on veut effectuer un chaulage plus ou moins énergique. On couvre chacun de ces tas avec de la terre, de manière à cacher complétement la chaux, et on laisse fuser pendant deux à trois semaines. Après ce délai la chaux est réduite en poudre, on la répand sur le sol par un temps sec, puis on l'enfouit par un labour.

Ne pourrait-on laisser les tas de chaux découverts ?

Non, car à la première grande pluie, la chaux se pelotonnerait en grumeaux et deviendrait beaucoup plus difficile à mélanger au sol.

N'amortit-on pas aussi la chaux en la mettant en compost ?

Oui, la mise de la chaux en compost est un moyen de déliter la chaux et de lui enlever, avant de la répandre sur les champs, sa trop grande causticité.

Comment fait-on un compost ?

En montant par lits égaux un grand tas, formé alternativement d'une couche de chaux vive et d'une couche de curures de fossé, de mottes de gazon, ou de balayures de cour. On recouvre le tout avec de la terre et on laisse pendant plusieurs semaines, après quoi on recoupe le mélange puis on le remonte de nouveau. L'expérience apprend que les composts souvent recoupés et gardés longtemps gagnent beaucoup en qualité.

Quelle quantité de chaux doit-on mettre par hectare ?

La quantité de chaux à répandre par hectare varie beaucoup suivant la nature du sol et suivant l'abondance des fumures dont on peut disposer. Quelques praticiens, opérant dans des terres argileuses très-fortement fumées, ont poussé la dose jusqu'à 45 hectolitres par hectare, mais dans les sols légers et siliceux, il vaut mieux procéder par doses plus petites en répétant plus souvent l'opération et ne pas dépasser de 14 à 15 hectolitres à l'hectare, renouvelés tous les 5 ou 6 ans.

Quels peuvent être les inconvénients des chaulages trop abondants dans les terres légères ?

La chaux, même après son extinction, reste une substance caustique et stimulante qui, tout en contribuant à la formation des plantes, active la décomposition des matières organiques contenues dans le sol. C'est en hâtant cette décomposition qu'elle augmente les récoltes mais en même temps elle appauvrit la couche arable, ce qui avait fait dire que si elle enrichissait les pères, elle préparait la ruine des enfants. Cet effet est surtout

très-sensible dans les terres légères peu fournies
d'argile.

Comment peut-on remédier à cet épuisement?

En augmentant les fumures dans les terrains chaulés,
de manière à restituer au sol les substances nutritives
dont le chaulage aurait hâté la décomposition.

Qu'est-ce que le phosphate de chaux?

C'est une matière qui forme la partie solide des ossements et qui entre pour une forte proportion dans les
graines des céréales.

Est-il très-répandu dans la nature?

Toutes les terres sur lesquelles les animaux peuvent
se nourrir et les céréales fructifier en contiennent des
quantités plus ou moins notables. On en a découvert
depuis quelques années des gisements considérables
qui sont exploités pour les besoins de l'agriculture.

Comment désigne-t-on ce phosphate naturel?
On l'appelle phosphate fossile.

Ce phosphate est-il applicable à toutes les terres?

Non, car il ne se dissout pas dans les terrains naturellement calcaires ou artificiellement chaulés, et il ne
produit alors aucun effet appréciable.

Dans quelles circonstances faut-il l'employer?

Quand les terrains sont acides, comme par exemple
dans les défrichements de brandes et sur les fonds de
prés tourbeux; alors il agit avec une grande énergie,
parce qu'il est dissous par l'acidité du sol.

A quelle dose doit-on le répandre sur le sol?

Cette dose varie suivant le degré de pureté du phosphate entre 5 et 8 hectolitres par hectare.

*Il y a donc dans les phosphates de grandes différences de
qualité?*

Oui, les phosphates contiennent tous des quantités
variables de parties terreuses inertes qui, dans les qua-

lités inférieures, composent plus de la moitié de leur poids. Leur prix varie en proportion de leur qualité, entre 5 et 12 francs les 100 kilog.

Comment peut-on introduire le phosphate de chaux dans dans les terrains calcaires ou les terrains chaulés ?

En employant, au lieu de phosphate naturel, un phosphate préparé qui porte le nom de superphosphate et qui vaut de 14 à 16 francs les 100 kilog., ou des ossements mis en poudre ou du noir animal.

Qu'appelle-t-on noir animal ?

Un mélange d'os calcinés pulvérisés et de sang qui ont servi à blanchir le sucre dans les raffineries, et qui contient ordinairement la moitié de son poids de phosphate.

N'existe-t-il pas d'autres produits contenant du phosphate ?

Les cendres neuves et les cendres lessivées appelées charrées contiennent aussi une quantité de phosphate qui varie de 12 à 20 pour cent de leur poids.

Quelles sont les cultures pour lesquelles le phosphate est le plus nécessaire ?

Les plantes qui contiennent le plus d'acide phosphorique sont les grains, le sarrazin, les topinambours, le trèfle; il est donc utile de leur fournir du phosphate quand le sol n'en renferme pas naturellement.

Qu'est-ce que les cendres ?

C'est un produit minéral obtenu par la combustion du bois et qui contient une forte proportion de chaux et de phosphate.

Comment l'emploie-t-on en agriculture ?

On emploie la cendre après qu'elle a servi au lessivage du linge ou à la fabrication des savons, car elle ne se vend plus alors que de 1 à 2 fr. les 100 kilog.

Quels sont les terrains dans lesquels son emploi est le plus profitable ?

2

Elle trouverait sa place dans toutes les occasions où l'on veut chauler ou phosphater le sol, mais c'est surtout sur les terrains tourbeux et dans les prés infestés par le jonc qu'elle produit un effet merveilleux. Sous son influence, l'acidité du sol disparaît, et au lieu des joncs et des mousses on voit se développer le trèfle blanc et les bonnes herbes.

Les cendres provenant de la combustion du charbon de terre ont-elles aussi une valeur agricole ?

Les cendres de houille ne contiennent pas de phosphate et sont beaucoup moins riches en principe calcaire que les cendres de bois. Elles sont toutefois utilisées dans les pays où le charbon de terre est abondant. Elles réussissent surtout dans les terrains marécageux qu'elles dessèchent ou dans les terres fortes qu'elles contribuent à ameublir.

Qu'est-ce que le plâtre ?

Une pierre calcaire d'une nature particulière que l'on calcine et qu'on réduit en poudre pour les besoins de l'industrie.

Est-il utile en agriculture ?

Oui, on a reconnu qu'il produisait souvent des effets merveilleux sur la végétation des fourrages artificiels tels que le trèfle, la luzerne, le sainfoin.

Rappelez-nous l'expérience que Franklin fit avec le plâtre.

Sur un champ de luzerne il traça, avec du plâtre, cette incription : *Ceci est plâtré*, et bientôt les pieds ainsi saupoudrés dépassaient tellement ceux qui les environnaient par la beauté de la végétation et par leur couleur vert foncé que tout le monde pouvait lire l'inscription et se rendre compte de l'influence du plâtrage.

Comment doit-on effectuer le plâtrage ?

Quelques agriculteurs mélangent le plâtre à la terre au moment du dernier labour ; mais la pratique la plus générale consiste à répandre le plâtre en couverture, au

moment où la plante fourragère commence à couvrir
la terre de ses feuilles, en choisissant pour cette opération un temps humide et un jour calme.

Quelle quantité doit-on mettre par hectare ?

200 kilog. suffisent largement. On a reconnu qu'il n'y
avait pas de profit à dépasser cette dose.

Quels sont les effets du plâtrage ?

L'énergie de son action varie avec la nature des terrains; ainsi il réussit mal dans les fonds humides,
mais il donne une grande vigueur aux trèfles, luzernes,
sainfoins, situés dans un bon sol. Il n'exerce pas d'action appréciable sur les prairies naturelles non plus que
sur les céréales.

On lui reproche de rendre les fourrages plus aptes à
produire la météorisation chez les ruminants qui les
consomment.

*Le plâtre cru peut-il remplacer le plâtre cuit dans l'opé-
ration du plâtrage ?*

Il le remplace très-bien, mais à condition d'être réduit
en poudre impalpable.

Le sel marin peut-il contribuer à amender les terres ?

Les effets du sel marin sont appréciés d'une manière
si différente par les agriculteurs, qu'on ne peut en re-
commander l'emploi d'une manière générale. Il y a des
terres humides dans lesquelles une addition de 150 à
200 kilog. de sel par hectare semble augmenter nota-
blement les récoltes des céréales et de la betterave
Ailleurs, au contraire, l'effet du sel est nul ou négatif.
Avant de l'employer on doit donc faire un essai en
petit sur un coin du champ où l'on voudrait le répandre et continuer cet essai pendant plusieurs années,
car l'influence du sel paraît être très-différente, suivant
que les années sont sèches ou pluvieuses.

CHAPITRE III

ENGRAIS.

Qu'appelle-t-on plus particulièrement engrais ?

On désigne ainsi les produits de la décomposition des matières végétales ou animales ainsi que les déjections des êtres vivants.

En quoi se distinguent-ils des amendements dont nous venons de parler ?

Par deux caractères : le premier est de contenir une substance (l'*azote*) indispensable à la formation des corps organisés et qui ne se trouve pas dans les produits minéraux ; le second est de réunir tous les principes nécessaires à la végétation, tandis que les amendements ne sont guère composés que d'un ou de deux de ces éléments.

Comment peut-on classer les engrais ?

On peut les diviser en engrais animaux tels que les matières fécales, le guano, la colombine, les issues d'abattoir, les poissons morts et leurs débris ; en engrais végétaux, tels que débris de plantes, les tourteaux de graines oléagineuses, les roseaux de mer, la suie, les récoltes enfouies en vert ; et en engrais mixtes formés par la réunion de matières animales et végétales, telles que les diverses sortes de fumier de ferme et les boues des villes.

Engrais animaux.

Les matières fécales de l'homme sont-elles un engrais très-actif ?

Elles constituent le meilleur et le plus complet de

tous les engrais et donnent quand on sait les employer un des moyens de fertilisation les plus puissants.

Quelles précautions doit-on prendre quand on veut les employer ?

On doit les étendre d'eau ou les mélanger avec des corps inertes, car elles brûleraient les plantes si elles restaient trop concentrées.

Sait-on toujours en tirer parti ?

Non, à cause de la répugnance qu'inspire à beaucoup de cultivateurs leur manutention. Il y a cependant des contrées dans lesquelles on les recueille avec le plus grand soin et on les paye très-cher.

Sous quelle forme trouve-t-on cet engrais dans le commerce ?

Sous la forme d'une poudre noire obtenue en pulvérisant les matières fécales desséchées au soleil. Cet engrais est connu sous le nom de poudrette.

La poudrette est-elle un engrais énergique ?

Elle est très-inférieure comme énergie à la matière fécale, parce que la dessiccation fait évaporer dans l'air les principes les plus fertilisants. Cependant cet engrais serait encore très-actif s'il était vendu pur de tout mélange. Malheureusement il est facile à falsifier avec de la terre noire, du charbon de tourbe, qui ont le même aspect.

Comment peut-on appliquer directement à la fumure de la terre les déjections des animaux ?

En faisant passer la nuit aux troupeaux sur le sol que l'on veut fumer et que l'on a préalablement labouré. Pour cela on enferme les animaux pendant les nuits de la belle saison dans des enceintes mobiles formées de claies ou de clôtures portatives et on change ces enceintes de place à mesure que leur surface est suffisamment fumée, de manière à imprégner successivement tout le champ. Cette opération est appelée parcage.

2.

Quels sont les avantages du parcage ?

Il évite les manutentions et les transports des fumiers, ainsi que la dépense des litières sur lesquelles on recueille d'ordinaire les déjections des animaux.

Qu'est-ce que la colombine ?

On appelle colombine la fiente des oiseaux de basse-cour : pigeons, canards, poulets, oies, etc., c'est un engrais de grande valeur qu'il faut recueillir avec soin.

Qu'est-ce que le guano ?

Le guano est un produit formé par l'accumulation de fientes et de dépouilles d'oiseaux voyageurs amassées depuis des siècles sur des îles désertes de l'Amérique. Il réunit donc les qualités de la colombine avec celles des débris de chairs, de plumes et d'os.

Comment faut-il l'employer ?

On considère un quintal de guano comme équivalent à trente quintaux de fumier. On doit donc craindre en le répandant pur de brûler les plantes qu'il viendrait à toucher. Aussi est-on dans l'habitude de le mélanger avec trois à quatre fois son poids de terre. Sous cette forme il est plus facile à répandre d'une manière égale sur le sol.

Le guano n'est-il pas fréquemment fraudé ?

Le guano étant d'un prix fort élevé, puisqu'il coûte de 35 à 37 fr. les 100 kilog., est l'objet de fraudes nombreuses. On ne doit donc l'acheter que dans une maison de confiance.

Quel parti peut-on tirer des débris d'animaux ?

Les issues et le sang d'abattoir, les chairs de chevaux abattus, les débris de poissons, les rognures de peau, tous les débris des organes des êtres vivants constituent des engrais très-énergiques. Pour éviter la mauvaise odeur que donnerait leur putréfaction, on doit les enfouir dans la terre, les recouvrir d'un lit de chaux, puis d'une couche de terre suffisamment épaisse. On attend pour les enlever et les répandre sur le sol que leur décomposition soit complète. L'industrie les emploie pour composer des imitations du guano.

Engrais végétaux.

Qu'est-ce que les tourteaux ?
Ce sont les résidus de la fabrication des huiles.

Quelle valeur ont–ils comme engrais ?
Leur valeur comme engrais varie suivant la nature de la graine qui a servi à les produire, mais on peut l'évaluer d'une manière générale à la moitié de celle du guano. Il est essentiel que le tourteau employé comme engrais soit bien épuisé d'huile, autrement son effet sur la végétation serait très-amoindri.

Qu'appelle-t-on engrais enfoui en vert ?
On désigne ainsi l'opération qui consiste à enfouir dans la terre, au moment de sa floraison, une récolte d'une plante très–chargée de feuilles ou de parties vertes en pleine végétation.

Quel est l'effet produit par cette opération ?
Le végétal enfoui entre en fermentation, se putréfie et enrichit la terre des substances qui le formaient.

Quelles sont les plantes les plus appropriées à l'enfouissage ?
Celles qui ont les organes foliacés les plus développés, comme sont la plupart des légumineuses. Le sarrazin est aussi très–approprié à cette opération, parce qu'il a une croissance rapide et des tiges tendres et touffues. On enfouit ordinairement la dernière coupe des trèfles et des luzernes que l'on veut détruire.

Comment s'effectue l'enfouissage ?
En retournant le sol couvert de la récolte verte au moyen de la charrue.

Les récoltes enfouies en vert augmentent-elles la richesse du sol.

Elles n'ajoutent à la richesse du sol que les principes qu'elles ont pu puiser dans l'air, car pour tout le reste elles ne font que lui rendre des substances qu'elles lui avaient prises pour se développer.

Quel est donc le véritable rôle de ces récoltes?

Leur rôle consiste surtout à réunir les principes fertilisants contenus dans le sol et à les mettre sous une forme très-assimilable à la portée des plantes qui doivent leur succéder.

Engrais mixtes.

Quel est l'engrais le plus employé en Agriculture ?

C'est le fumier produit dans les étables par les animaux de travail ou de rente.

Comment est-il obtenu ?

En faisant absorber les déjections solides et liquides des animaux par des végétaux secs qui jouent le rôle d'une éponge et acquièrent par leur imbition d'urines la propriété d'entrer en fermentation.

Dites comment on opère pour obtenir ce résultat ?

On dispose sous les pieds des animaux une couche plus ou moins épaisse de ces végétaux en ayant soin de remuer chaque jour pour recouvrir les parties salies. Quand on juge que l'imbibition est suffisante, on remplace cette couche par une couche fraîche.

Quel nom a-t-on donné à cette opération ?

On l'appelle faire la litière des animaux, parce qu'en effet les végétaux ainsi disposés servent de lit aux bêtes tenues à l'étable.

Les litières demandent-elles à être souvent renouvelées ?

Elles doivent être renouvelées dès qu'elles ne suffisent plus pour maintenir le bétail en état de propreté et qu'elles répandent dans l'étable une odeur de fermentation bien prononcée qui nuirait à la santé des animaux.

Quelles sont les plantes les plus propres à faire de bonnes litières?

Ce sont avant tout les pailles des diverses céréales que leur forme tubulaire creuse rend particulièrement aptes à absorber les parties liquides des déjections animales. A défaut de paille on emploie les bruyères, les fanes, les fougères et les feuilles sèches.

La nature de la litière a-t-elle une influence sur la qualité du fumier?

Elle en a une très-grande, puisque, en dehors de leur action mécanique, les litières enrichissent le fumier dont elles font partie en proportion des principes fertilisants qui composent leur tissu.

Ne peut-on se passer des litières pour recueillir les déjections des animaux?

Dans les fermes qui manquent absolument de litière on fait le lit des animaux avec de la terre bien sèche. Les bêtes à cornes et les moutons s'accommodent très bien de cet arrangement, à condition, toutefois, que l'on ait soin de répandre chaque jour de la terre fraîche sur les parties imbibées par les urines ou les matières fécales.

Comment doit-on traiter le fumier à la sortie de l'étable?

On doit le mettre en tas bien serrés, bien pilés sur une fosse disposée à proximité de l'étable, abritée autant que possible contre les rayons du soleil et pourvue à son fond d'un petit caniveau destiné à donner un écoulement au liquide brunâtre qui suinte du fumier et aux eaux de pluie.

Comment utilise-t-on ce liquide appelé purin?

Le meilleur emploi consisterait à le recueillir dans

une petite citerne et à le reverser de nouveau sur le tas de fumier pendant les jours de sécheresse, et quand on reconnaît que la fermentation du fumier devient trop active et menace d'amener dans le tas la carbonisation qui détruit les principes fertilisants ou l'altération également fâcheuse connue sous le nom de *blanc ;* mais peu de cultivateurs sont assez soigneux pour prendre ces précautions, et la plupart du temps, en Limousin, on se borne à faire écouler le purin dans les eaux vives qui servent à l'arrosage des prés.

Quelle transformation subit le fumier mis en tas ?

Il s'échauffe, il fermente, diminue de volume et de poids et finit par se convertir en une matière brune homogène dans laquelle on ne reconnaît plus les litières et qui ressemble à une sorte de terreau.

Quelle est la perte de poids du fumier pendant la fermentation ?

On a constaté qu'après trois mois de mise en tas, un fumier frais de bonne qualité perdait plus de la moitié de son poids.

D'où provient cette diminution de volume et de poids ?

Elle résulte de la déperdition des principes fertilisants qui s'échappent dans l'air ou qui sont entraînés par le purin.

Ne pourrait-on pas l'éviter au moins en partie ?

On pourrait diminuer beaucoup la déperdition qui s'effectue dans l'air en recouvrant les tas de fumier avec une couche de terre, de la poussière de plâtre ou des mottes de gazon qui arrêteraient le passage des gaz.

N'a-t-on pas recommandé, pour éviter cette déperdition, de porter directement le fumier frais à la sortie de l'étable dans le champ auquel il est destiné et de l'enfouir par un trait de charrue ?

Cette méthode est, en effet, très-préconisée par d'excellents agriculteurs et elle évite de grandes pertes de principes fertilisants quand on peut l'appliquer ; seulement, elle exige que les champs soient toujours prêts à recevoir la fumure quand on nettoie les étables, ce qui n'arrive presque jamais.

Comment classe-t-on les fumiers par rapport à leurs qualités fertilisantes ?

La valeur des déjections dépend avant tout du genre de nourriture des animaux qui les produisent et de l'abondance de cette nourriture : le cheval de luxe qui reçoit de fortes rations d'avoine, le bœuf à l'engrais qui consomme du son et du tourteau donneront des déjections beaucoup plus riches que des animaux de même espèce tenus au pâturage.

Quelles autres circonstances faut-il prendre en considération ?

Il faut aussi tenir compte, quand on veut comparer les mérites relatifs des fumiers d'origine différente, de la nature du sol et du genre de culture auquel on doit l'appliquer. Les fumiers très-chauds, très-fermentescibles conviennent surtout aux sols argileux, profonds, humides, et réussissent moins bien dans les terres légères.

Les cultures de céréales s'accommodent mieux du fumier d'un animal nourri avec du grain ; les pâturages, du fumier du bétail qui mange de l'herbe. On peut dire en termes généraux que le fumier le mieux approprié à chaque plante est celui qui est produit par l'animal que cette plante nourrit.

Enoncez les particularités relatives à chaque genre de fumier ?

Les fumiers de mouton et de cheval sont classés comme les plus énergiques, les plus actifs, ceux dont l'action est la plus prompte. Ils conviennent aux terres froides et aux plantes dont la végétation est rapide.

Le fumier des bêtes à corne est plus aqueux, plus frais, moins fermentescible, son action est plus lente et plus durable : c'est l'engrais par excellence pour les sols légers.

. Le fumier de porc est diversement apprécié par les cultivateurs, ce qui tient à la grande variété qui existe dans le mode de nutrition des animaux de la race porcine. La truie de reproduction qui ne reçoit que des aliments très-aqueux doit, en effet, donner des résultats très-différents de ceux qu'on peut obtenir des porcs engraissés avec de la viande de cheval.

En général, il y a tout avantage dans une exploitation à réunir sur le même tas de fumier les litières des divers animaux de la ferme. On obtient ainsi un produit moyen qui convient à toutes les cultures.

Le fumier n'est-il pas un engrais complet?

Oui, le fumier réunit tous les éléments nécessaires à la végétation.

Qu'en faut-il conclure?

Que le cultivateur ne saurait donner trop d'attention et de soins à son tas de fumier, car c'est là que réside la principale richesse de la ferme. Chaque quintal de fumier perdu par négligence ou autrement représente une réduction de récolte de 10 kilog. de blé; aussi un de nos meilleurs agronomes a-t-il pu dire : « Ce n'est pas ce qu'on sème, c'est ce qu'on fume qui réussit ; à petit fumier, petit grenier. »

Qu'est-ce que les boues des rues?

On désigne ainsi les matières provenant du balayage des rues, c'est-à-dire un assemblage d'immondices de toute sorte : débris de légumes, intérieurs de volailles et de poissons, terre des rues mêlée de matières fécales et d'urines.

Quelle préparation fait-on subir à cet engrais avant de l'employer?

On met les boues en tas pour les laisser fermenter, puis, après un intervalle plus ou moins long, suivant que la saison de l'année active plus ou moins cette fermentation, on recoupe le tas pour l'aérer et mélanger d'une manière plus égale les divers éléments dont il se compose.

Quel emploi lui donne-t-on?

Il peut remplacer le fumier ordinaire dans toutes les cultures, mais sa forme terreuse le rend particulièrement propre à être épandu en couverture sur les prairies naturelles dont il augmente beaucoup la fertilité.

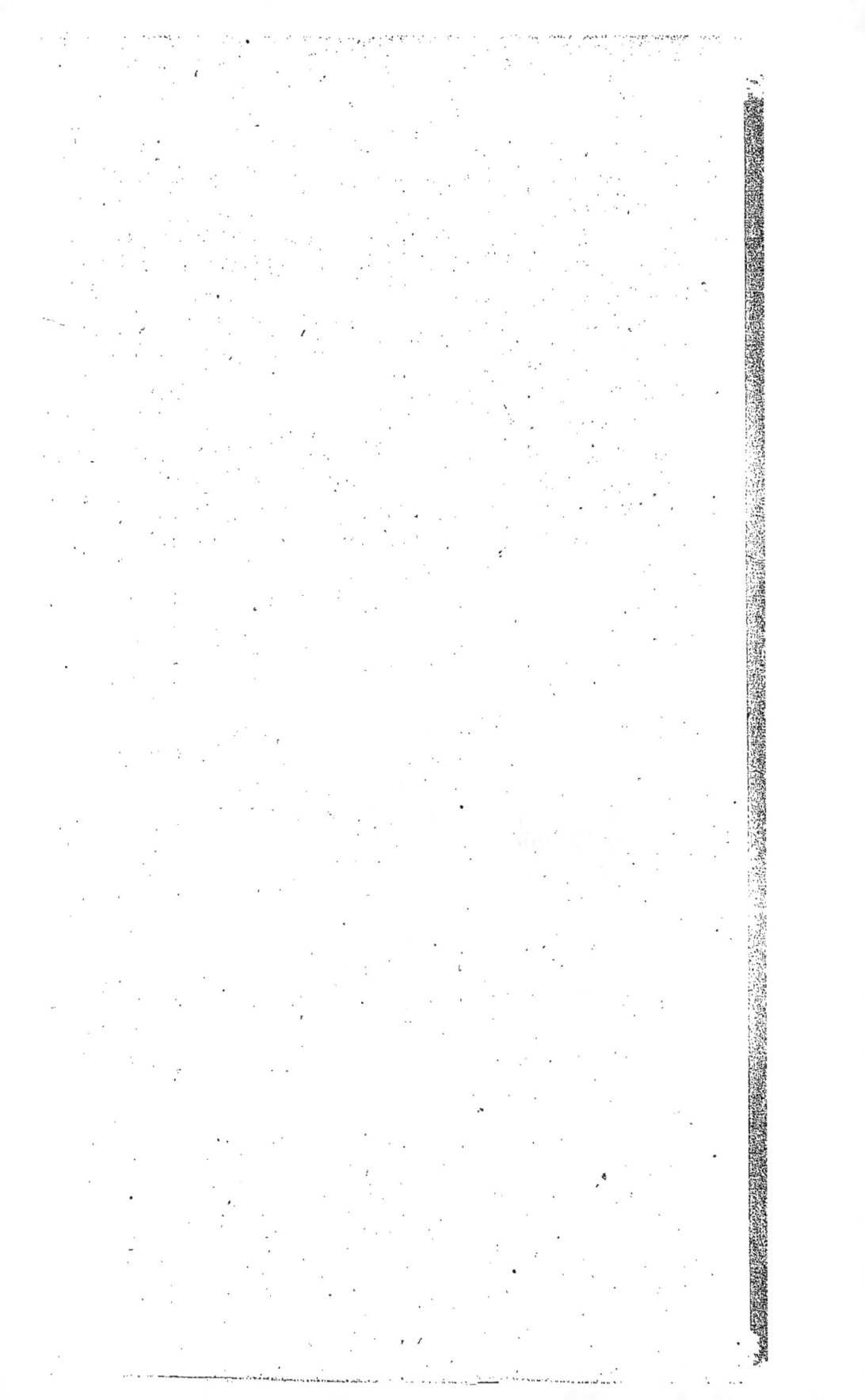

TROISIÈME PARTIE

PRÉPARATION DU SOL. — OUTILLAGE.

CHAPITRE PREMIER

DU LABOUR.

Quel est le but du labour ?

La terre qui est naturellement dure et compacte ne peut donner la vie aux plantes qu'à condition de devenir meuble, poreuse, pénétrable aux racines, à l'action du soleil, de l'air, de la pluie, aux influences de la chaleur et de l'humidité.

Le labour a pour but de lui donner ces qualités indispensables.

Le labour n'a-t-il pas d'autre utilité ?

Il sert aussi à incorporer dans le sol les amendements et les engrais qui doivent le fertiliser ; à couvrir la semence d'un certain nombre de cultures; enfin, il détruit les mauvaises herbes, et quelques insectes nuisibles.

Comment dispose-t-on le sol par l'opération du labour ?

De trois manières différentes : Soit en lui conservant une surface plate, soit en le divisant en compartiments bombés, réguliers, appelés planches, soit enfin en lui donnant l'aspect des dents de scie obtenu par la culture en billon.

Quel est le genre de labour le plus usité en Limousin?

Autrefois toutes les cultures étaient faites en billon, mais depuis quelques années la culture en planches tend à se répandre de plus en plus.

CHAPITRE II

DES INSTRUMENTS NÉCESSAIRES POUR LA CULTURE DU SOL.

> Aie soin de tes instruments, le soleil et la pluie gâtent tout. En-suite il faut du bois, du feu, du travail et de l'argent.
>
> J. BUJAULT.

Nommez-nous l'outil agricole employé pour ouvrir les terres?

On l'appelle charrue. La charrue exécute avec plus de rapidité et en utilisant la force des animaux, le travail qu'on fait à bras d'homme dans les vergers avec la bêche et la pioche.

Comment la charrue fonctionne-t-elle?

Elle tranche le terrain à des profondeurs variant de 10 à 30 centimètres et soulève puis retourne sans dessus dessous les bandes comprises entre deux traits. C'est ainsi qu'elle enterre les mauvaises herbes et qu'elle expose successivement toutes les parties du sol actif, aux influences atmosphériques.

Existe-t-il plusieurs modèles de charrue?

Oui; il en existe un grand nombre qui répondent aux habitudes locales aux différentes natures de sol et aux diverses variétés des systèmes de culture.

Le meilleur est celui qui, réunissant les conditions les plus complètes de solidité, de simplicité, effectue le labour le plus parfait avec le moins de tirage.

En Limousin, c'est l'araire Dombasle qui est presque exclusivement préférée.

Fig. 1. — Charrue.

Nommez les pièces qui se retrouvent dans toutes les charrues ?
Ce sont :

L'AGE ou FLÈCHE sur lequel est attelé le bétail.

LE COUTRE. Grand couteau qui découpe la bande de terre destinée à être retournée.

LE SOC. Pièce de fer en forme de lance qui détache cette bande en la soulevant par dessous.

LE VERSOIR. Sorte d'oreille qui complète le soulèvement et renverse, après l'avoir fait tourner sur elle-même, la tranche de terre.

LES MANCHERONS. Double levier à l'aide duquel le laboureur enraye ou dégage la charrue dans le sol et la maintient sur sa ligne.

LE RÉGULATEUR qui permet de varier à volonté la profondeur et la largeur des sillons en élevant ou abaissant le point d'attache de la chaîne.

Ne construit-on pas des araires de différents calibres ?
Oui ; on proportionne ordinairement les dimensions des araires à la difficulté des travaux qu'elles doivent exécuter.

On a ainsi : un petit modèle destiné aux terrains légers et aux labours superficiels ; un modèle très-fort plus spécialement destiné aux labours profonds et aux défoncements, et un modèle intermédiaire entre le petit et le grand modèles.

Qu'appelle-t-on avant-train ?
L'avant-train est un essieu porté sur deux roues que l'on ajoute dans plusieurs contrées aux araires pour supporter l'extrémité de l'âge. On l'attache à ce dernier plus ou moins haut, plus ou moins bas, selon que l'on veut donner à la charrue plus ou moins d'entrure.

Quels sont les avantages de l'avant-train ?
L'avant-train rend l'araire d'une manœuvre plus facile.

Quels sont ses inconvénients?

Il augmente le poids et le prix de la charrue.

Par quelles qualités se recommande l'araire ?

L'araire bien manœuvrée effectue mieux les labours profonds, laboure plus près des haies; elle est plus légère et moins coûteuse que la charrue à avant-train. On doit donc la préférer quand on se trouve dans un pays qui possède des ouvriers habitués à la manœuvrer.

De quel côté la tranche est-elle versée par les charrues ordinaires ?

Elle est toujours versée à droite.

Que résulte-t-il de là ?

Que quand le laboureur, après avoir ouvert une raie d'une extrémité d'un champ à l'autre, veut revenir à son point de départ en ouvrant une nouvelle raie qui longe la première, les deux tranches sont renversées l'une sur l'autre, en sorte que la même manœuvre, répétée sur toute l'étendue du champ, forme une série de sillons comparables à des dents de scie.

Comment peut-on obtenir un labour à plat ?

En rendant mobile l'oreille qui renverse les tranches de terre, ou adaptant à la charrue deux versoirs qui fonctionnent alternativement à chaque tour. On a réalisé ces combinaisons dans des charrues appelées tourne-oreille, mais ces appareils sont lourds et coûteux.

Comment obtient-on l'équivalent du labour à plat avec les charrues ordinaires?

En formant par le travail de la charrue des planches composées de deux séries de tranches versées chacune sur un côté différent. Pour cela l'on adosse l'une à l'autre les tranches des deux premiers sillons et on tourne autour de cet endos jusqu'à ce que l'on ait donné à la planche la largeur qu'on veut lui conserver.

Cette manière d'opérer dispose le champ en une série

de plates-bandes un peu bombées séparées par des rigoles ou des rayures qui servent à l'égouttement des
terres.

Quels sont les avantages et les inconvénients de chacun de
ces divers modes de disposer le sol ?

Le labour en sillon augmente artificiellement l'épaisseur de la couche arable sur la crête du sillon qui reçoit
ordinairement la plante. Il abrite cette dernière contre
l'excès d'humidité, mais il l'expose beaucoup plus aux
atteintes de la sécheresse. Il rend impossible l'emploi
des outils perfectionnés, tels que les semeuses, les
moissonneuses qui tendent à s'introduire de plus en
plus dans la pratique agricole.

La culture à plat ou en planches est très-appropriée
à l'emploi de ces outils, et c'est ce qui la fait préférer
dans les pays de grande culture.

Quels sont les instruments employés pour compléter le
travail de la charrue ?

Ce sont la herse et le rouleau : la herse qui sert à
émietter le sol, le rouleau à le tasser.

Dites-nous comment est faite la herse ?

La herse est un assemblage de dents pointues
montées sur un châssis de bois ou de fer que l'on
promène plusieurs fois en long sur les champs labourés.

Les anciennes herses ne se composaient que d'un
châssis.

Dans les herses perfectionnées on accouple ensemble
par des chaînes deux à trois châssis qui épousent
exactement les reliefs du sol, et donnent un travail
beaucoup plus parfait.

Qu'est-ce que le rouleau ?

Le rouleau est un long cylindre plus ou moins lourd
que l'on fait rouler sur la terre fraîchement labourée

pour écraser les mottes et tasser le sol ; on l'exécute en bois, en pierre, ou en fer.

Un constructeur anglais a inventé un rouleau qui porte son nom—rouleau Crosskill;—il est composé d'une quinzaine de disques qui tournent sur un axe indépendamment les uns des autres. C'est un instrument très-puissant qui donne un excellent travail, mais qui a le malheur de coûter fort cher et d'être très-lourd.

Indiquez-nous sommairement le nom et l'usage des autres instruments souvent employés dans la préparation du sol ?

Ces instruments sont la défonceuse, la fouilleuse, le buttoir et le scarificateur ou extirpateur.

Commençons par la défonceuse.

La défonceuse est une charrue très-puissante qui attaque le sous-sol et le ramène à la surface, sa manœuvre dans les terrains forts nécessite souvent des attelages de huit bœufs. On est donc obligé de donner une grande solidité à toutes ses parties, aussi est-elle fréquemment entièrement construite en fer forgé.

Fig. 2. — Fouilleuse.

Et la fouilleuse, dites-nous ce qu'elle est ?

La fouilleuse est aussi une charrue, mais une charrue

3.

sans coutre ni versoir. Elle porte un soc en forme de triangle qui descend jusqu'au sous-sol et qui le déchire sans le ramener à la surface.

Qu'est-ce que le buttoir ?

Le buttoir est encore une charrue mais pourvue de deux versoirs accouplés en forme de dos d'âne. Il sert dans la culture en billons à redresser les sillons et à relever les terres qui auraient coulé dans le fond de la raie.

Qu'appelle-t-on scarificateur ou extirpateur ?

Le scarificateur ou extirpateur est une très-forte herse triangulaire armée de plusieurs socs au moyen desquels on peut scarifier la terre, c'est-à-dire la couvrir de petits sillons superficiels pour l'aérer et arracher les mauvaises herbes.

QUATRIÈME PARTIE

LES PATURAGES, LES IRRIGATIONS, L'ENTRETIEN DES PRÉS, LA RÉCOLTE DES FOINS

> Si tu veux du blé, fais des prés,
> nourris le bétail. Le bétail donne
> du fumier, le fumier du grain,
> et le grain de l'argent.
>
> (J. Bujaut.)

CHAPITRE PREMIER

LES PRÉS ET LES PACAGES.

Qu'est-ce qu'un pâturage naturel ?

On désigne sous le nom de pâturage cette partie du sol de l'exploitation agricole qui reste occupée d'une manière permanente par les herbes vivaces propres à la nutrition du bétail.

Le pâturage susceptible d'être fauché prend le nom de pré.

Celui dont l'herbe est consommée sur place par les animaux prend le nom de pacage.

Comment vivent et s'entretiennent les herbes qui composent les pâturages ?

Elles puisent leur nourriture :

Dans les eaux qu'on met à leur portée par l'irrigation.

Dans les déjections du bétail qui pâture l'herbe.

Et dans les fumures que le cultivateur intelligent ne manque jamais de leur donner.

Vous venez de dire que le pâturage occupe toujours la même terre. Il n'a donc pas besoin d'être changé de place comme les autres cultures?

Non; parce qu'au lieu d'être constitué par une plante unique comme le champ de blé, de trèfle ou de betteraves, il se compose d'une très-grande variété d'herbes d'espèces différentes qui ont chacune leur alimentation propre et qui, dans leur ensemble, utilisent d'une manière égale tous les principes de fertilité du sol.

CHAPITRE II

DE L'EAU.

Pourquoi l'eau est-elle indispensable à la formation et à la conservation des prés ?

L'herbe contenant plus des deux tiers de son poids d'eau ne pourrait croître et se maintenir dans un sol qui ne serait pas arrosé naturellement ou artificiellement.

Est-ce là le seul rôle que joue l'eau dans la conservation des prés ?

Les eaux de source, les eaux de pluie d'orage, les eaux qui ont passé sur les terres cultivées, sur des routes, dans des cours de ferme ou dans les rues de bourgs, sont chargées de principes fertilisants qu'elles portent aux racines de l'herbe et qui servent à sa nutrition.

L'eau abandonne donc des principes fertilisants en arrosant les prés ?

Oui; elle perd tout ce que l'herbe retient pour sa nourriture. Aussi a-t-on remarqué qu'après avoir servi une première fois à l'arrosage d'une pâture, elle active bien moins la végétation.

Comment peut-on reconnaître sans études scientifiques la qualité de l'eau?

En observant la nature des herbes qui croissent sur son passage.

Les eaux limoneuses, celles qui dissolvent bien le savon sont toujours favorables au développement des bons fourrages.

L'eau qui traverse des bois, des fonds tourbeux devient froide, acide et perd la plupart de ses qualités fertilisantes.

Dans quel cas l'eau devient-elle nuisible?

C'est quand au lieu de reproduire le phénomène naturel de la pluie, c'est-à-dire de baigner légèrement et périodiquement la surface et les racines de l'herbe, elle reste stagnante, croupissante et séjourne dans les pâturages faute d'écoulement.

Alors elle asphyxie les bonnes herbes, et donne naissance aux joncs et aux carex.

Elle prend alors une teinte rouilleuse et une apparence nacrée qui la font aisément reconnaître.

Ne peut-on améliorer la qualité des eaux épuisées ou rendues acides par la traversée des bois et des fonds de pré tourbeux ou par la stagnation?

Oui ; en recueillant et laissant séjourner ces eaux dans des réservoirs ou pêcheries. Sous l'action de l'air et du soleil, elles se réchauffent, laissent déposer les principes malfaisants qu'elles avaient dissous, perdent leur acidité et puisent dans l'atmosphère une partie des qualités nutritives qu'elles avaient perdues.

Cette amélioration serait rendue beaucoup plus rapide dans les pays granitiques si l'on jetait dans la pêcherie quelques pelletées de chaux.

CHAPITRE III

IRRIGATION.

Qu'entend-on par irrigation?

C'est l'opération qui consiste à amener, à distribuer et à répandre les eaux courantes sur la surface des prés.

Quelle est la meilleure méthode d'irrigation ?

C'est la méthode d'arrosage par débordement ou déversement superficiel.

Comment l'applique-t-on sur le terrain?

L'eau est conduite sur la partie la plus élevée du pré par un fossé ou canal d'approvisionnement alimenté dans un étang, un ruisseau ou une source très-abondante.

Elle est distribuée par des petites rigoles tracées au-dessous du canal d'alimentation et dans lesquelles on fait arriver en temps convenable l'eau de ce canal.

Comment le canal d'approvisionnement doit-il être tracé?

Le canal d'approvisionnement doit être assez large pour donner un passage facile à l'eau dont on dispose, assez élevé pour dominer toutes les rigoles d'arrosage et tracé de façon à pouvoir être mis facilement en communication avec ces dernières.

Dans les prés en pente, on le développe sur la hauteur.

Dans les prés en surface plane, on fait un ados ou relief artificiel en terre sur lequel on le maintient.

Comment sont tracées les rigoles d'irrigation ?

Elles sont étagées parallèlement les unes aux autres au-dessous du canal d'alimentation ; elles donnent un arrosage d'autant meilleur qu'elles sont plus horizontales ; leur rôle est uniquement de répandre en nappe, sur la surface des prés, les eaux qu'elles reçoivent du canal d'irrigation.

De quelle manière le canal d'irrigation communique-t-il avec les rigoles d'arrosage ?

Par des rigoles transversales dirigées suivant la pente du sol et qui sont fermées par des petits empellements ou par des mottes de gazon.

Expliquez-nous en termes généraux comment fonctionne l'arrosage ?

On bouche avec une motte de gazon les extrémités de la rigole d'irrigation qui correspond à la portion de pré que l'on veut arroser et l'on ouvre la rigole transversale qui met cette rigole en communication avec le canal de distribution.

L'eau se précipite dans la rigole d'irrigation qui étant fermée à ses deux extrémités se trouve bientôt remplie et déborde sur toute sa longueur.

Quand on juge que l'arrosage de cette partie est suffisant, on ferme la rigole transversale et l'on répète la même manœuvre sur une autre portion du pré jusqu'à ce que la surface entière ait été arrosée.

Est-ce ainsi que l'on procède en Limousin ?

Non ; le mode d'irrigation qui a prévalu dans cette région tend plutôt à faciliter l'infiltration de l'eau et de l'humidité dans les racines des herbes qu'à obtenir un arrosage superficiel intermittent.

De quelle façon est organisée cette irrigation ?

Les prés limousins, presque toujours assis sur des terrains très-légers, très-perméables et plus ou moins déclives, sont arrosés par des rigoles tracées sur les flancs des côteaux, à fleur du sol et avec une inclinaison suffisante pour conserver à l'eau une course continue.

Qu'est-ce qui a pu faire préférer cette méthode ?

Trois considérations différentes :

1º L'extrême porosité du sol qui amène l'eau à s'infiltrer dans la terre et à disparaître quand on la laisse séjourner sur un coteau ;

2º Le désir de simplifier l'opération de l'irrigation qui, quand l'arrosage est continu, ne réclame que peu de surveillance et s'effectue en quelque sorte seule ;

3º Et la possibilité de continuer l'arrosage pendant toute la durée de la crue de l'herbe, tandis que dans l'irrigation par déversement, l'arrosage cesse d'être praticable sitôt que l'herbe acquiert un peu de hauteur.

Quels soins exige-t-elle ?

Elle demande que les rigoles ne soient jamais plus profondes que l'épaisseur de la couche végétale dans laquelle se développent les racines de l'herbe, et que leurs bords, pour rester perméables à l'eau, soient toujours nettement et fraîchement taillés.

Quels en sont les inconvénients ?

Ces inconvénients sont :

De nécessiter chaque année la reprise complète de la taille des rigoles ;

De mal utiliser l'eau que la pente des rigoles conduit promptement hors du pré qu'il faut arroser ;

De donner une irrigation inégale suivant la porosité du sol et la déclivité des bandes de terrain comprises entre deux rigoles ;

Enfin de faire pousser des joncs chaque fois que le suintement de l'eau est gêné ou entravé par un obstacle.

Quand ces inconvénients ont-ils le plus de gravité ?

Quand les eaux dont on dispose sont peu abondantes et chargées de beaucoup de principes fertilisants qui se trouvent entraînés par le courant au lieu de rester sur le sol et de le féconder.

Pourquoi ne peut-on pas arroser par épanchement superficiel avec des rigoles inclinées ?

Parce que si l'on barre une rigole inclinée par un gazon, l'eau s'échappe toute par le point unique qui a reçu le barrage au lieu de former la nappe uniforme et régulière que donnent les rigoles de niveau.

Le résultat est le même quand on a recours pour couper l'eau à la méthode défectueuse des entailles.

Que conviendrait-il de faire pour pouvoir à volonté arroser les prés limousins par imbibition ou par déversement ?

Il faudrait accoler à chaque rigole en pente *bbb* une ligne de petites rigoles horizontales *ccc* dans lesquelles on pourrait jeter l'eau quand on le jugerait convenable pour former les nappes ABC.

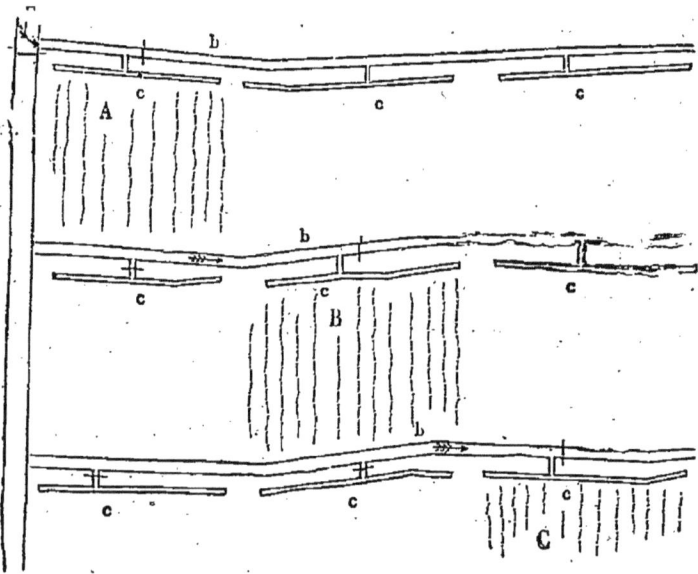

Fig. 3. — Irrigations.

Comment doit-on fixer la pente ainsi que l'écartement des rigoles ?

Par l'expérience, en limitant la pente au strict nécessaire pour que l'eau arrive jusqu'à l'extrémité de chaque rigole, et rapprochant ou écartant les rigoles les unes des autres, suivant que l'imbibition du sol est plus ou moins rapide.

A quel moment de l'année convient-il de commencer les arrosages ?

Il y aurait de grands avantages à commencer l'arrosage dès le commencement de l'automne. Cette irrigation emmagasinerait dans la terre les principes fertilisants qu'apporteraient les eaux et elle donnerait de la force aux racines de l'herbe; mais l'habitude de nourrir le bétail dans les prés durant cette saison ayant prévalu en Limousin, l'arrosage ne peut être utilement commencé qu'après la saison des froids et des fortes gelées blanches, vers le mois d'avril.

Pourquoi l'irrigation est-elle nuisible pendant le temps ou le bétail pâture les prés?

Parce que, d'une part, les herbages trop pénétrés d'humidité sont pour le bétail une mauvaise nourriture, et en second lieu parce que les bêtes à cornes qui pâturent des terrains ramollis arrachent et déchaussent les herbages, endommagent les rigoles et font avec leurs pieds des trous dans lesquels l'eau séjourne et donne naissance à des joncs. Par ce même motif, on ne doit pas mettre le bétail au pré pendant les grandes pluies.

L'arrosage doit-il être continu?

Non; car l'herbe qui a besoin d'eau pour se développer souffre et périt faute d'air quand elle reste trop longtemps submergée; elle subit alors une véritable asphyxie.

Quelle est donc la marche la plus convenable à suivre pour aménager les eaux?

Rendre l'arrosage intermittent, c'est-à-dire faire succéder sur chaque partie du pré un certain nombre de jours de repos à deux ou trois jours d'arrosage.

Il faut aussi l'interrompre quand la pluie continue pendant plusieurs jours sans interruption.

CHAPITRE IV

SOINS D'ENTRETIEN.

Quels sont les soins d'entretien nécessaires à la conservation des prés durant l'hiver?

Ils se résument dans les opérations que voici.

Durant l'hiver :

1º Arracher les mauvaises herbes qui gâtent le foin et particulièrement le colchique, qui est un poison pour le bétail;

2º Passer la herse sur les parties mousseuses ;

3º Dessécher par des tranchées les fonds dans lesquels l'eau reste stagnante;

4º Renouveler et rafraîchir les rigoles.

Et au printemps ?

Au printemps :

1º Enlever avec un rateau les feuilles, les petites branches, les pierres qui peuvent se trouver sur les gazons;

2º Abattre les galeries des taupes et égaliser les terres ;

3º Visiter chaque jour les rigoles dans lesquelles on a jeté l'eau pour s'assurer qu'aucun obstacle, aucun trou de taupe ou de rat ne gêne les mouvements de l'eau;

4º Distribuer ou arrêter l'eau suivant les besoins, et d'après l'aspect de chaque partie de pré.

CHAPITRE V.

FUMURE DES PRÉS.

Quelle est avec l'arrosage l'opération la plus fructueuse dans les prés ?

C'est la fumure.

Pourquoi est-il nécessaire de fumer les prés ?

Parce que l'herbe n'est pas seulement composée d'eau, mais qu'elle prend à la terre des principes nutritifs qui finiraient par s'épuiser si l'on ne les renouvelait pas par la fumure.

Chaque bonne récolte de fourrage enlève au sol 40 kilos de phosphate.

Le fumier augmente donc le rendement des prés ?

Il améliore le rendement des prés en augmentant à la fois la qualité et la quantité de l'herbe, parce qu'il donne plus de vigueur aux bonnes plantes et qu'il tend à détruire les mauvaises herbes.

Nous voyons cependant des prés qui donnent des récoltes de foin, et sur lesquels on ne répand pas de fumier ?

Les prés de cette catégorie sont arrosés par des eaux chargées de principes fertilisants telles que les eaux qui traversent les cours de ferme, ou reçoivent les égouts des villes; mais alors c'est l'eau qui porte avec elle la fumure.

Quelle est la meilleure fumure pour les prés ?

La meilleure fumure est celle qui se présente sous la forme liquide des purins, des urines mêlées à l'eau d'arrosage, ou imbibées dans du terreau qu'on peut semer sur le pré, comme par exemple les boues de ville.

Ne peut-on remplacer les engrais liquides par du fumier ?

Oui ; à condition de choisir du fumier bien consommé. On l'étend en couverture sur les prairies à la fin de l'hiver et on laisse à la pluie le soin d'en dissoudre les principes fertilisants, et de les introduire dans le sol. On considère une fumure de 20 à 30 tombereaux par hectare comme une bonne moyenne.

Quelles sont les parties des prés ou il convient surtout d'étendre le fumier ?

Les hauteurs, car la pluie et l'arrosage font toujours arriver une portion de la fumure dans les fonds.

Le bétail mis au pâturage ne fume-t-il pas le sol par ses déjections ?

Oui ; il rend au sol la majeure partie de ce qu'il absorbe, aussi les prés fauchés ont-ils beaucoup plus besoin de fumure que les prés pâturés.

Que fait le cultivateur soigneux quand le bétail est dans les prés ?

Il écarte chaque jour avec un rateau les bouzes de vache. Ces déjections laissées là où elles sont tombées brûlent l'herbe tandis qu'elles fertilisent le pré quand on a soin de les disséminer.

Le fumier est-il le seul engrais qu'on puisse répandre sur les prés avec profit ?

Non ; à défaut de fumier on peut obtenir avec des détritus végétaux, des curures de routes et de fossés, des débris de légumes et de cuisine, des cendres, le tout mélangé avec de la terre et une petite quantité de chaux, un engrais qui améliore sensiblement les prés des pays granitiques.

Cet engrais porte le nom de compost.

Comment se prépare un compost ?

Dans les jours inoccupés de l'hiver, on superpose en les alternant des couches peu épaisses de détritus, de chaux et de terre, de façon à former un tas de 8 à 10 mètres cubes, puis on laisse fermenter.

Après plusieurs mois on coupe avec une pioche le compost et on le remonte avec une pelle, de façon à le mélanger et à l'aérer : Cette opération demande à être répétée plusieurs fois, car l'expérience prouve qu'elle améliore beaucoup la qualité du produit.

L'année suivante, on procède à l'épandage en couverture comme nous venons de le dire pour le fumier.

Quelles sont les autres substances plus particulièrement appropriées à l'amélioration des prés cu parties de prés acides et marécageux ?

Ce sont les cendres de bois lessivées (charrées), les os pilés et réduits en poudre fine et le phosphate fossile de chaux.

Ces trois engrais agissent de la même manière par leur phosphate ; leur action est d'autant plus énergique et plus rapide que le pré sur lequel on les répand est plus aigre et plus infecté de joncs.

CHAPITRE VI

DE LA RÉCOLTE DU FOURRAGE.

Quel est le moment le plus convenable pour la fauche des prairies ?

On doit commencer la fauche quand le plus grand nombre des herbes qui composent un pré est en fleur.

Ne peut-on pas retarder jusqu'après la maturité de la graine ?

Non ; parce que la graine attire à elle pour se constituer tous les sucs contenus dans les tiges de l'herbe, et qu'après sa formation, ces tiges qui formeront le foin ont perdu la plus grande partie de leurs qualités nutritives.

*Quelle différence fait-on entre le foin récolté en temps con-
venable, et le foin fauché après la grainaison ?*

On a reconnu que la différence était de moitié, c'est-
à-dire qu'un quintal de foin récolté en pleine floraison
profitait autant au bétail que deux quintaux de foin
fauché trop tard.

Quels soins demande l'opération du fauchage ?

Le fauchage bien exécuté doit être régulier et couper
l'herbe très-près de terre ; 3 ou 4 centimètres de différence dans une coupe d'herbes qui ont 40 centimètres
de hauteur font une réduction d'un dixième dans le
rendement d'un pré.

Comment l'herbe fauchée est-elle convertie en foin ?

Par une dessiccation obtenue en l'étendant, l'éparpil-
lant et en la retournant au soleil avec des fourches et
des râteaux.

Quand vient le coucher du soleil, on la met en petits
tas ou meulons pour la soustraire à l'humidité de la
nuit et on l'étend de nouveau le lendemain quand la
rosée est disparue et le sol complétement sec.

Cette opération est appelée fanage.

L'herbe craint donc l'humidité ?

Elle y résiste très-bien aussi longtemps qu'elle n'a
pas été remuée, car elle est protégée par un vernis
naturel qui existe à sa surface.

Mais le premier effet de la dessiccation est de faire
tomber ce vernis et de rendre les principes nutritifs que
contient l'herbe sans défense contre l'eau qui les dissout et les entraîne.

*Que font donc les agriculteurs pour éviter les fâcheux résul-
tats de la pluie ?*

Si le temps menace, ils laissent intacts sur la terre
les andains non encore remués, et mettent en meulons
les herbes dont le fanage a été commencé, jusqu'au retour du soleil et du beau temps.

Comment reconnait-on le foin qui a été mouillé ?

Par sa couleur blanchâtre et son manque de parfum et de saveur.

Quand doit-on rentrer le foin ?

Le foin ne doit être rentré que dans un parfait état de dessiccation, autrement il prend un goût de moisissure qui le fait repousser par le bétail.

Ne peut-on empêcher la moisissure des fourrages qu'un temps trop pluvieux ne permet pas de rendre parfaitement secs ?

Oui ; en saupoudrant de sel de cuisine le fourrage qu'on veut conserver au moment de la mise en barge.

Le sel absorbe l'humidité du foin et donne à ce foin une saveur qui le fait rechercher par le bétail.

On prévient aussi la fermentation des foins humides en les comprimant fortement ou en les mélangeant par couche avec de la paille.

Les bons prés ne fournissent-ils qu'une récolte fauchée par an ?

Un pré bien arrosé donne après la récolte de juin une seconde récolte fauchable en août ou septembre qu'on nomme regain.

Cette récolte exige-t-elle un travail particulier ?

Elle est effectuée comme celle du foin.

Le fourrage qu'elle procure est moins nutritif mais plus tendre, plus approprié à la dent du jeune bétail, que celui de la récolte principale.

Quel est l'outil ordinairement employé pour couper l'herbe ?

C'est la faux.

N'a-t-on pas inventé des appareils destinés à exécuter mécaniquement et rapidement l'opération de la récolte des fourrages ?

On construit aujourd'hui et on emploie dans les pays de grande culture, des machines traînées par des chevaux avec lesquelles on coupe, on fane et on ramasse le foin, mais ces appareils sont coûteux et ne fonc-tionnent bien que sur les terrains plats.

Quels soins donne-t-on au foin récolté ?

On le met à couvert soit en l'abritant sous un toit, soit en le montant en meules. En Limousin, les étables sont construites de façon à loger le foin au-dessus de l'emplacement occupé par le bétail.

On a donné le nom de barge à ce grenier.

Quel est le rendement annuel d'un hectare de prairie ?

Rien de plus variable que ce rendement.

Il dépend de la nature du sol, de l'abondance et de la qualité des eaux, des soins donnés à l'irrigation et à la fumure, telle prairie produira dans des mains habiles 8 à 10,000 kilos de foin, qui négligée |tombera au tiers ou au quart de cette quantité. En Limousin, le ren-dement ordinaire des prés des bonnes métairies ne dé-passe guère 3,000 kilos à l'hectare.

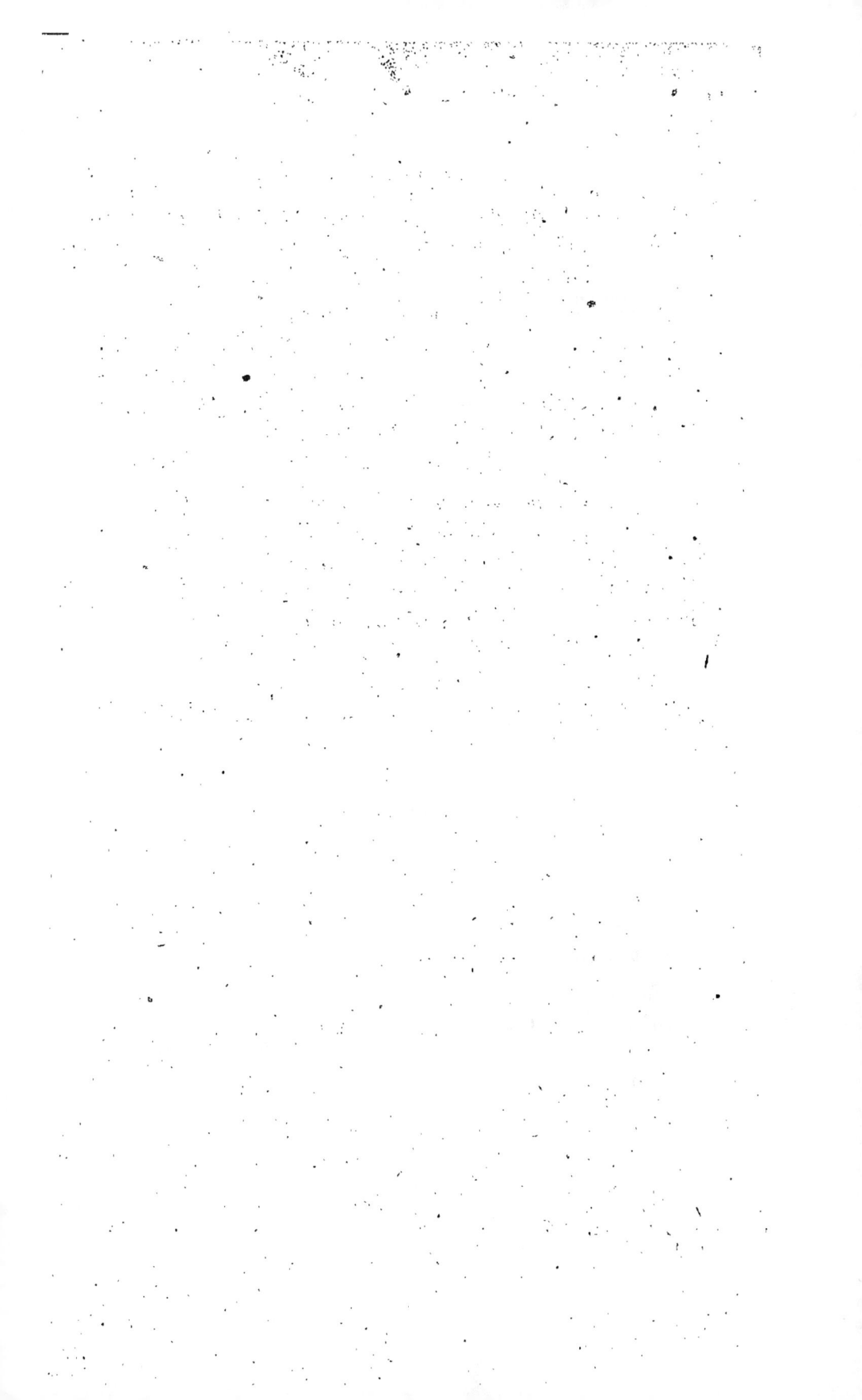

CINQUIÈME PARTIE

PRAIRIES ARTIFICIELLES ET FOURRAGES VERTS.

TRÈFLE. — LUZERNE. — SAINFOIN. — JAROSSE. — MAÏS.

CHAPITRE PREMIER

DES PRAIRIES ARTIFICIELLES EN GÉNÉRAL.

Qu'est-ce qu'une prairie artificielle ?

Un champ couvert par une plante verte propre à contribuer utilement à l'alimentation du bétail.

La prairie artificielle diffère de la prairie naturelle en ce qu'elle n'a pas besoin d'irrigation et qu'elle ne peut être conservée sur la même place que pendant un petit nombre d'années.

Nommez-nous les plantes les plus employées à former les prairies artificielles ?

Ce sont la luzerne, le trèfle violet, le trèfle incarnat, la jarosse, le maïs, etc.

On les désigne sous le nom de plantes fourragères.

Quel rôle jouent les prairies artificielles en agriculture ?

Elles fournissent durant la belle saison une nourriture rafraîchissante et salutaire pour le bétail, et elles permettent aux métairies dont le cheptel est limité par l'insuffisance du foin, d'entretenir un plus grand nombre d'animaux; par conséquent d'obtenir plus de fumier.

Quel nom ce rôle utile leur a-t-il valu?

On les a nommées cultures améliorantes par opposition avec les productions des céréales qui constituent la classe des cultures épuisantes.

Comment améliorent-elles le sol?

Elles l'améliorent indirectement pendant leur végétation par le supplément de fumier obtenu des animaux qu'elles nourrissent et après leur défrichement par les racines plus ou moins profondes qu'elles laissent dans le sol.

CHAPITRE II

DU TRÈFLE.

Nommez la plante la plus employée en prairie artificielle?

C'est le trèfle, appelé trèfle violet.

A quelle époque semez-vous le trèfle violet?

Au printemps, dans une céréale d'automne, ou quelquefois dans une avoine de mars.

Un léger coup de herse suffit pour enterrer suffisamment les graines.

Combien de temps laisse-t-on le trèfle sur la même terre?

On le retourne généralement à la fin de la première année de coupe, c'est-à-dire dans l'année qui suit l'ensemencement.

A sa troisième année, le trèfle est envahi par les herbes et par le chiendent.

Est-il nécessaire d'attendre longtemps avant de faire revenir le trèfle à la même place ?

On recommande de mettre un intervalle de six ans au moins.

C'est sur cette donnée que repose l'assolement septennal.

Tous les terrains conviennent-ils au trèfle ?

Le trèfle demande un terrain calcaire et là où l'élément calcaire fait défaut, ce qui arrive dans la plus grande partie du Limousin, on est obligé de chauler les champs destinés à recevoir les cultures fourragères.

Le trèfle donne-t-il plusieurs coupes ?

Le trèfle donne ordinairement trois coupes ; la première est effectuée au printemps qui suit l'ensemencement. La dernière est de peu d'importance.

Quand fauchez-vous cette fourragère ?

Lorsqu'elle commence à fleurir. Attendre davantage, et laisser former la graine, serait épuiser inutilement le sol.

N'y a-t-il pas quelques précautions à prendre en la distribuant au bétail ?

Le trèfle tendre, pâturé sur place ou donné à l'étable en trop grande abondance quand il vient d'être coupé, détermine souvent un accident fort grave connu sous le nom d'enflure ou de météorisation.

On prévient cet accident en faisant manger aux animaux un peu de foin sec avant de leur présenter le trèfle, ou en mélangeant avec le trèfle une petite quantité de foin.

Dites la quantité de semence employée dans un hectare ?

De 16 à 20 kilog. de graines.

Indiquez-nous son rendement ?

En moyenne de 100 à 120 voitures de fourrage vert à l'hectare.

4.

N'y a-t-il pas une plante qui nuit beaucoup au trèfle?

Le trèfle est souvent entièrement détruit par une plante qu'on nomme cuscute.

Ce genre de parasite sévit aussi sur la luzerne. Il se montre par place, puis de proche en proche il envahit tout le champ.

Décrivez-là?

La cuscute ressemble à une touffe innombrable de longs cheveux jaunes qui serrent et étouffent les tiges de la plante fourragère à laquelle elle s'attaque. Elle envahit d'ailleurs les plantes sauvages. Ainsi il n'est pas rare d'en rencontrer dans les champs de bruyère.

Quelles sont les précautions à prendre pour éviter les ravages de la cuscute?

Après avoir choisi la graine fourragère avec beaucoup de soin, on surveillera la croissance de la plante, de manière à remarquer dès le début les endroits attaqués.

Que doit-on faire sur les places attaquées?

Faucher très-ras la place envahie, la recouvrir de pailles ou de fougères sèches que l'on brûle avec le trèfle coupé, puis bêcher le sol.

Ce moyen employé en temps opportun réussit ordinairement à arrêter l'invasion des parties saines.

Les plantes fourragères épuisent-elles le sol?

Les plantes fourragères telles que le trèfle et la luzerne étant ordinairement fauchées avant maturité, n'épuisent pas le sol au même degré, ni de la même manière que les céréales, mais ce serait une erreur que de croire qu'elles n'empruntent rien au sol qui les porte.

Ce qui le prouve, c'est qu'on ne peut les faire revenir à de courts intervalles sur le champ qui les a produits. Elles ont donc besoin pour vivre et prospérer d'un fond de richesse que le temps seul peut accumuler. Aussi

voyons-nous dans leurs traités agricoles nos plus émi-
nents praticiens fixer des périodes avant lesquelles il
serait prématuré de ramener ces cultures.

CHAPITRE III

DE LA LUZERNE.

*Quelle est la meilleure de toutes les plantes pour faire une
prairie artificielle?*

C'est la luzerne. Cette plante qui n'est point encore
entrée dans les cultures habituelles de la région du
centre réussit parfaitement en Limousin.

*En quoi la luzerne diffère-t-elle du trèfle violet, du trèfle
incarnat, de la vesce, etc.?*

Elle en diffère en ce qu'elle a une durée plus
longue.

Combien d'années peut-elle rester sur le même terrain?

De dix à douze ans, mais elle ne donne de récoltes
très-abondantes que pendant les sept à huit premières
années. Ce temps passé il convient donc de la changer
de place.

La luzerne s'accommode-t-elle de tous les terrains?

La luzerne veut, comme le trèfle, un terrain calcaire.
Ses racines pénétrant très-avant, et craignant beaucoup
l'humidité, elle ne réussit bien que dans les sols profonds et perméables.

*De quelle manière préparez-vous le sol avant d'ensemencer
la luzerne?*

La terre demande à être préparée pendant plusieurs
années à l'avance par de fortes fumures et des labours
très-profonds. A défaut de fouilleuses suffisamment

puissantes, on fait suivre la charrue par des pionniers afin d'obtenir un défoncement plus parfait.

Comment semez-vous la luzerne?

Dans les contrées exposées aux hivers rigoureux, la luzerne est semée comme le trèfle sur une terre occupée par une céréale et au printemps. L'ensemencement d'automne qui fait gagner une coupe n'est sûr que sous les climats méridionaux, car la luzerne jeune supporte difficilement les gelées tardives.

La luzerne donne-t-elle plusieurs coupes?

En Limousin, elle peut être fauchée quatre fois, et les trois premières coupes sont très-abondantes.

À quel moment doit-on la faucher?

En pleine floraison et avant la formation de la graine, ainsi que nous l'avons dit pour le trèfle.

Quel est son rendement en fourrage sec?

Environ 3 à 4,000 kilog. par hectare, c'est-à-dire l'équivalent de 30 à 40 quintaux métriques de foin de première qualité.

Le métayer limousin aurait-il avantage à faire de la luzerne?

Le cultivateur qui séparerait de son assolement une petite parcelle pour y faire de la luzerne, posséderait une source d'excellent fourrage pour ses jeunes bêtes, et serait largement rémunéré de ses dépenses.

Au bout de combien d'années la luzerne peut-elle revenir dans le même terrain?

Après huit à dix ans, afin de laisser aux substances nutritives qui lui sont nécessaires le temps de s'accumuler.

Quelle est la quantité de graines nécessaire pour en semer 50 ares?

De 6 à 8 kilos de semence suffisent.

Il est très-important de n'employer que des graines très-fraîches car elles ne lèvent plus au bout de trois ans.

La cuscute n'est-elle pas à craindre dans les luzernières ?

La cuscute envahissant souvent la luzernière, il faut surveiller son apparition avec grand soin et brûler les places infectées comme nous l'avons expliqué en parlant du trèfle.

La luzerne ne réclame-t-elle pas d'autres soins ?

L'entretien des luzernières en plein rapport se compose de fumures en couverture et de hersages énergiques effectués à la fin de l'hiver pour aérer le sol et arracher les mauvaises herbes. La luzerne ayant des racines profondes n'est pas déchaussée par la herse pendant que les herbes adventices sont entraînées.

Quels sont les engrais les plus appropriés à l'entretien des luzernières ?

Ce sont les engrais pulvérulents et les cendres.

Le plâtrage a aussi la propriété de stimuler la végétation de la luzerne. On effectue cette opération après la rosée, quand les pousses sont au milieu de leur croissance, en jetant à la volée environ 200 kilos de plâtre en poudre par hectare.

CHAPITRE IV

DU TRÈFLE INCARNAT ET DU SAINFOIN.

Qu'est-ce que le trèfle incarnat ou farouche ?

C'est un fourrage de seconde qualité qui se recommande surtout par la précocité de sa végétation, car il peut être fauché au printemps avant toutes les autres légumineuses. Il ne donne qu'une coupe et ne repousse plus ensuite. Son produit varie de soixante à soixante-dix tombereaux de fourrage vert à l'hectare. Il n'occasionne jamais au bétail aucun accident de météorisation.

A quelle époque semez-vous le trèfle incarnat ?

A la fin de l'été, en culture dérobée sur une terre qui recevra au mois de mai suivant du maïs tardif, des raves, du blé noir ou des haricots, etc.

Comment le sème-t-on ?

Environ 20 kilos mélangés avec quelques graines d'avoine ou de seigle suffisent par hectare.

Qu'est-ce que le sainfoin ?

Le sainfoin est un excellent fourrage qui exige un sous-sol calcaire, et qui pour cette raison ne prospère. pas bien sur les sols granitiques.

Le sainfoin a-t-il une longue durée ?

Il croît sur la même terre de trois à six ans, et ne peut y revenir qu'après une dizaine d'années d'intervalle.

CHAPITRE V

DE LA JAROSSE.

Y a-t-il plusieurs espèces de jarosse ?

Il y a plusieurs espèces de jarosse : la jarosse d'hiver qui se sème en automne, et celle de printemps qui se sème à la fin d'avril.

La jarosse d'hiver donne-t-elle toujours un bon produit ?

Non ; car elle craint les froids et les terrains humides. Lorsqu'elle réussit elle est d'un excellent rapport.

Quand faut-il la semer ?

Au mois de septembre, ou d'octobre, ordinairement après une céréale. Semée de bonne heure, elle supporte mieux les gelées et les dégels.

A quelle époque fauche-t-on la jarosse ?

A la fin de mai ou dans la première quinzaine du mois de juin.

La jarosse est-elle toujours consommée en vert ?

Elle est le plus ordinairement employée comme fourrage vert, mais on peut cependant la faire sécher et en obtenir un fourrage d'hiver qui remplace le foin.

En quoi cette plante ressemble-t-elle au trèfle incarnat ?

Faite en redouble après une céréale, elle laisse comme ce trèfle le terrain libre à l'époque de l'ensemencement des blés noirs, des raves, et du maïs tardif.

Par quoi se recommande la jarosse de printemps ?

Cette plante croissant pendant les grandes chaleurs a moins à redouter l'humidité du sol ; elle est d'une grande utilité lorsque les trèfles viennent à manquer soit par suite des ravages de la cuscute, soit à cause de la sécheresse, et elle donne un très-bon fourrage pendant le courant de l'été.

A quelle époque ensemence-t-on cette plante ?

Fin avril, à cause des gelées ; la récolte se fait quatre mois après.

La semez-vous en une seule fois ?

L'agriculteur prudent doit fractionner sa sole en trois ou quatre parcelles qu'il ensemence successivement de quinzaine en quinzaine.

En agissant ainsi il s'assure du fourrage vert et tendre pendant tout l'été.

Quelle quantité de graines emploie-t-on par hectare ?

Pour la jarosse d'hiver deux hectolitres et pour la jarosse de printemps un hectolite et demi.

Dans quel but mélange-t-on presque toujours de l'avoine ou du seigle à la semence de la jarosse ?

Afin de soutenir la plante pendant sa végétation et de l'empêcher de verser.

CHAPITRE VI

DU MAÏS.

N'y a-t-il pas d'autres plantes employées comme fourrage dans l'alimentation du bétail?

On en compte un grand nombre : Le ray-grass, la spergule, les pois, la moutarde, le seigle, l'avoine, le sarrazin, et le maïs coupés en vert donnent d'excellents fourrages.

De quelle manière semez-vous le maïs fourrage?

Le plus généralement à la volée, le grain est ensuite recouvert par la herse?

Le maïs n'a-t-il pas de préférence pour certains engrais?

Le fumier de porc lui est très-favorable ou bien encore celui de vache mélangé à des cendres, à des charrées, à des phosphates.

A quelle époque ensemencez-vous le maïs?

A cause des gelées de printemps, les premiers ensemencements ne se font guère avant le mois de mai.

Les derniers ont lieu vers la fin de juillet.

On l'effectue donc en plusieurs fois?

Lorsque le maïs est destiné à être mangé en vert, on le fait par semis successifs, de huitaine en huitaine, afin d'avoir pendant toute la durée de l'automne une nourriture toujours tendre et savoureuse pour le bétail.

Savez-vous quelle quantité de semence doit être répandue par hectare?

Environ deux hectolitres.

N'est-il pas bon de faire subir une préparation aux graines avant de les répandre sur le sol?

Beaucoup de cultivateurs les font tremper dans un bain de purin étendu d'eau.

Les grains ainsi imprégnés d'un liquide fertilisant lèvent avec bien plus d'uniformité et de promptitude.

A quelle époque fauche-t-on le maïs ?

Au commencement de la floraison.

Nommez-nous les meilleures espèces de maïs fourrage ?

Le maïs caragua remarquable par son haut produit par hectare, le maïs dit *dent de cheval*, le maïs *blanc des Landes*, le maïs *jaune gros*.

Quel est le rendement par hectare ?

De 100 à 120 tombereaux de fourrage vert.

Le maïs fourrage est-il susceptible d'être conservé ?

Les fourrages verts qui contiennent un principe sucré tels que les tiges de maïs peuvent être conservés comme les légumes, à l'abri du contact de l'air en silos.

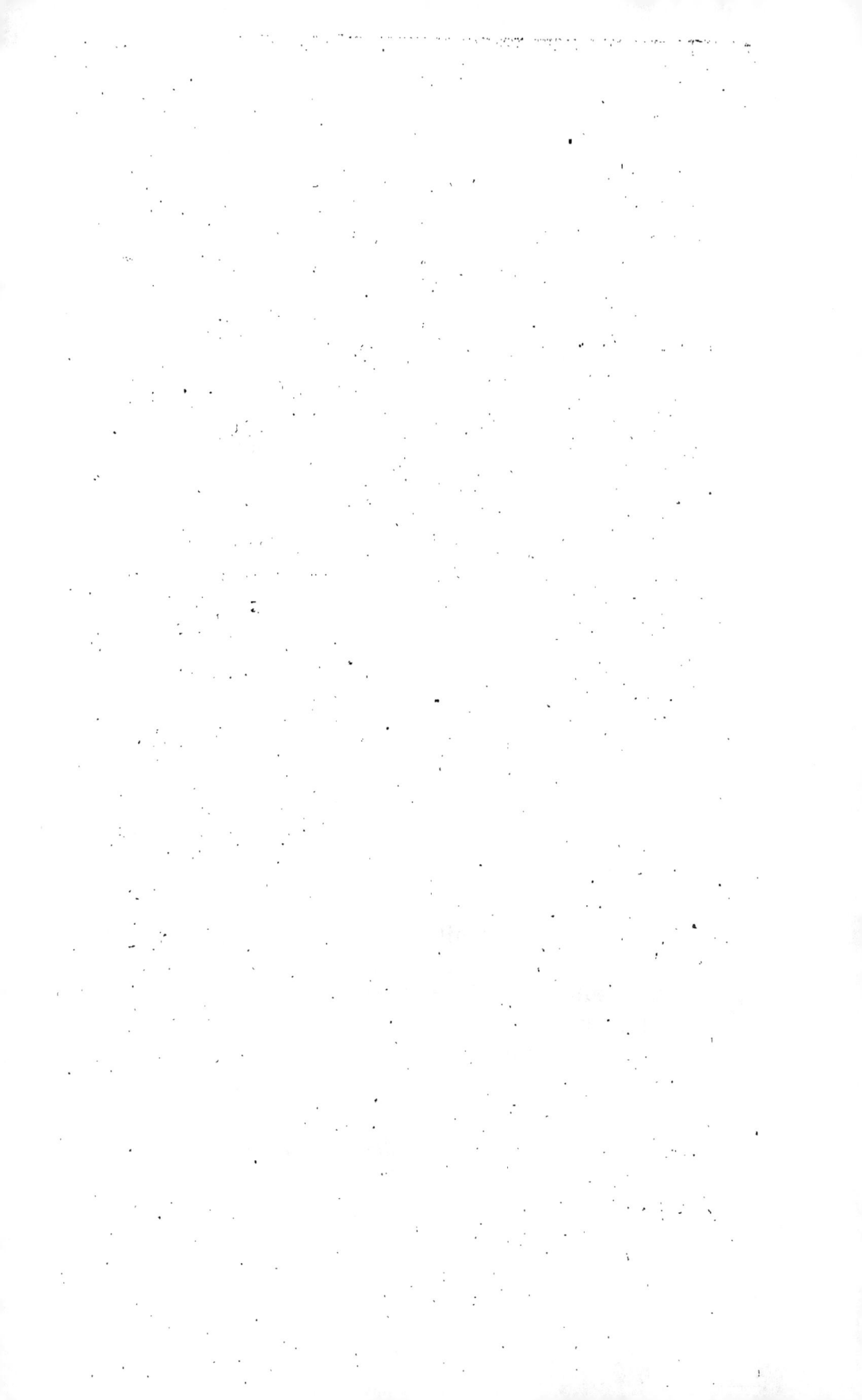

SIXIÈME PARTIE

LA GRAINE, LA SEMENCE, L'ENTRETIEN DES PLANTES, L'ASSOLEMENT.

> Ce n'est pas seulement ce qu'on sème qui
> rapporte ; c'est ce qu'on soigne.
> La terre se délecte en la mutation des
> semences.
>
> (Ollivier DE SERRES.)

CHAPITRE PREMIER

DE LA GRAINE.

Qu'est-ce que la Graine ?

C'est le moyen ordinaire de reproduction des plantes.

Quelle en est la structure intérieure ?

Elle est composée de deux parties distinctes : Du germe proprement dit qui est l'embryon de la jeune plante susceptible de croître et de se développer, et d'une substance alimentaire inerte qui enveloppe le germe, qui le protége et qui lui sert de nourriture jusqu'au moment où les racines de la plante sont assez fortes pour puiser dans le sol les éléments de leur nutrition.

Citez une graine sur laquelle cette séparation est facile à constater ?

Si l'on ouvre un haricot qui a séjourné quelques jours dans la terre humide, on distingue immédiatement le germe qui s'accuse sous la forme d'une petite pousse jaunâtre occupant le milieu de la fève et qui écarte par son développement les deux moitiés du fruit destiné à la nutrition du germe.

Quelle influence la formation de la graine exerce-t-elle sur les plantes ?

Elle semble absorber toute la force vitale de la plante si bien qu'après sa production, les plantes se dessèchent et meurent, ou elles cessent de végéter jusqu'à l'année présente. On remarque, en effet, qu'elle attire à elle tous les sucs nourriciers contenus dans la tige. C'est ce qui explique pourquoi les fourrages coupés avant la formation de la graine sont beaucoup plus substantiels que ceux qui sont récoltés après grainaison.

Les graines peuvent-elles être recueillies sur une plante qui aurait été coupée avant d'arriver à complète maturité ?

La graine du plus grand nombre des plantes annuelles séparées de leur racine quelques jours avant d'arriver à complète maturité, continuent à grossir et à prendre au point de vue des convenances de la consommation les qualités des graines mûres. C'est ainsi qu'il y a avantage à couper les blés et les avoines de bonne heure, pendant que le grain tient encore solidement à l'épi et peut être sapé ou moissonné sans tomber sur le sol. La maturation s'achève dans les moyettes ou les javelles.

Mais pour les graines destinées à la semence il y a toujours avantage à laisser le grain mûrir sur pied d'une manière complète.

Toutes les plantes utiles sont-elles reproduites par la graine ?

Elles pourraient toutes être reproduites ainsi, mais pour les plantes tuberculeuses telles que la pomme de terre et le topinambour on trouve avantage à employer les tubercules comme moyen de reproduction.

CHAPITRE II

DE LA GRAINE DE SEMENCE.

Quelles sont les qualités que doivent réunir les bonnes graines de semence ?

La bonne graine de semence doit avoir été récoltée en pleine maturité, conservée à l'abri de l'humidité, et soigneusement nettoyée de toutes les graines étrangères qu'elle pourrait contenir, ainsi que du menu grain et des grains mal développés.

Elle doit être pleine, grosse, et sans odeur de fermentation.

Ce nettoyage a-t-il une grande importance ?

Sans doute, puisqu'en semant des graines rabougries qui ne lèvent pas et des graines de mauvaises herbes qui envahissent le champ, on compromet par avance la récolte qu'on voulait obtenir.

Comment s'effectue ce nettoyage des graines de semence ?

Au moyen d'instruments spéciaux appelés tarrare et trieur.

Ces instruments sont d'un prix élevé.

Comment le petit cultivateur peut-il suppléer au trieur ?

En tirant sa première semence d'une exploitation dont les récoltes sont très-belles et très-propres ; et pour les années suivantes en choisissant dans ses champs, au moment de la moisson, les épis les plus nourris et les mettant à part.

Avec cette précaution, son propre grain lui fournira d'excellente semence.

N'est-il pas utile cependant de changer la semence de temps à autre ?

Oui, quand, pendant une série d'années, on a pris sa semence dans les récoltes de la même terre, cette semence s'abâtardit et il est sage alors de la changer.

Quelle précaution convient-il de prendre quand on veut effectuer ce changement ?

Il faut choisir des graines venues sous un climat semblable à celui de la région qu'on habite, et dans des terres d'une qualité inférieure à la terre que l'on cultive ; autrement on s'exposerait à les voir promptement dégénérer.

Peut-on indifféremment ensemencer des graines plus ou moins longtemps conservées ?

Non ; car les graines perdent tôt ou tard leurs qualités germinatives. Les unes, comme le froment, lèvent encore après avoir été conservées plus d'un siècle ; d'autres telles que la graine de luzerne, ne lèvent pas après la troisième année.

Quelle conclusion tirez-vous de là ?

J'en conclus qu'il faut autant que possible se procurer, pour les semences de toutes sortes, des graines de l'année précédente.

Est-ce le seul soin que le cultivateur doive apporter dans le choix de sa graine de semence ?

Le cultivateur soigneux choisit toujours dans chaque espèce la variété qui donne le plus grand rendement.

Il y a telle variété de froment qui produit cinq à six hectolitres de plus par hectare que telle autre moins appropriée au sol mis en culture.

CHAPITRE III

SOINS A DONNER AUX PLANTES JUSQU'A LEUR RÉCOLTE.

Les jeunes plantes peuvent-elles être abandonnées à elles-mêmes depuis leur naissance jusqu'à leur récolte?

La semence levée réclame plus que jamais la vigilance de l'agriculteur, car, avant d'arriver à son complet développement, la jeune plante est exposée à plusieurs accidents et à plusieurs maladies.

Énumérez-nous ces accidents et ces maladies ?

Ses racines peuvent être déchaussées par les gelées de l'hiver qui soulèvent la surface du sol; sa végétation entravée par l'ardeur du soleil qui forme sur la surface des terres fortes une croûte imperméable à l'air, ou étouffée par le développement des mauvaises herbes; ses feuilles redoutent les ravages des limaces, des insectes, des chenilles. Enfin, les céréales sont exposées au moment de la formation de l'épi à des maladies connues sous le nom de rouille, d'ergot, de charbon et de carie.

A quel signe reconnaît-on que les racines des blés ont été soulevées, et quel remède oppose-t-on à cet accident?

Les champs ainsi maltraités prennent une teinte jaune et ont une apparence souffreteuse et fanée; on y remarque un grand nombre de pieds dont le collet est mis à nu. Il faut donc rechausser la plante pour lui rendre la vie, et ce résultat s'obtient en tassant le sol au moyen du rouleau.

Lorsqu'après une attente de quinze jours on reconnaît que le roulage n'a pas suffi pour remettre en état le champ, on ne doit pas hésiter à ranimer la végétation par l'emploi d'un engrais en couverture. 100 kilog.

de guano ou 70 kilog. de sulfate d'ammoniaque mélangés avec trois et quatre fois leur poids de terre et répandus à la main suffisent pour obtenir ce résultat.

Comment rend-on à la surface du sol sa perméabilité et comment détruit-on les mauvaises herbes ?

Au moyen des hersages et des sarclages.

Le hersage des blés ne doit être employé qu'avec beaucoup de circonspection sur les sols très-légers; il donne au contraire d'excellents résultats dans les terres un peu fortes.

Les sarclages sont plus spécialement appliqués aux cultures des racines et des tubercules.

Il y a cependant des parties de la France dans lesquelles il est d'usage de sarcler les blés : cette opération contribue puissamment à augmenter les récoltes.

Qu'oppose-t-on au ravage des chenilles, des pucerons et des insectes nuisibles ?

Contre les limaces, les chenilles et les insectes qui dévorent les feuilles des plantes, le procédé qui semble le mieux réussir consiste à répandre sur le champ au moment de la rosée ou après une pluie légère, de la chaux vive mise en poudre, des cendres vives, de la suie, ou un engrais d'une odeur très-forte et très-pénétrante, tel que le guano.

Mais ces moyens de destruction ne sont pas toujours efficaces.

La Providence ne vient-elle pas en aide à l'homme pour cette destruction ?

Oui, elle a peuplé les campagnes d'un grand nombre d'oiseaux et d'animaux qui se nourrissent exclusivement des ennemis de notre agriculture et qui leur font une guerre acharnée.

Tels sont : le crapaud, la grenouille, le hérisson, qui mangent les vers et les limaces, — la taupe qui dévore le ver blanc de la courtillière et du hanneton, — la chauve-souris qui détruit les mulots, — enfin toute la famille des petits oiseaux : mésange, bergeronnette, rouge-gorge, fauvette, rossignol, hirondelle, dont la nourriture habituelle se compose de chenilles et d'insectes.

LES AGRICULTEURS ONT DONC LE PLUS GRAND INTÉRÊT A VEILLER A LA CONSERVATION DE CES ANIMAUX QUI SONT LEURS PLUS UTILES AUXILIAIRES.

Que fait-on pour remédier à la rouille, à l'ergot, au charbon, à la carie ?

Contre ces maladies on n'a pas encore trouvé de remède assuré. On sait seulement qu'une bonne culture, et les soins qu'on donne aux plantes dans leur jeunesse tendent à les rendre de plus en plus rares.

A quel moment doit-on récolter les plantes ?

Il n'existe pas de règle générale à cet égard. Les céréales, et plus particulièrement l'avoine, gagnent à être coupées avant complète maturité.

Il en est de même du colza et de toutes les plantes dont le fruit s'égrène facilement.

CHAPITRE IV

DE L'ASSOLEMENT.

Qu'appelle-t-on assolement en agriculture ?

On nomme assolement l'ordre dans lequel l'agriculteur établit la succession de ses récoltes sur chacun des champs qui composent son exploitation.

Pourquoi établit-on une succession de cultures ? — Ne serait-il pas plus simple de cultiver toujours le même produit dans le même champ ?

L'expérience a montré que si l'on voulait cultiver

5.

pendant plusieurs années consécutives la même plante dans le même champ, les récoltes obtenues allaient chaque année en s'amoindrissant et finissaient par devenir à peu près nulles.

Quelle conclusion avait-on tirée de cette observation ?

Que la terre se fatiguait comme l'homme quand on lui demandait toujours le même travail, et qu'elle avait besoin de repos. On avait donc pris l'habitude de laisser, entre deux récoltes, le sol en friche pendant une ou plusieurs années.

C'était ce qu'on nommait la jachère morte.

Cet usage s'est-il maintenu ?

Non, parce qu'on s'est aperçu qu'un champ, épuisé pour les céréales, pouvait produire des plantes légumineuses et fourragères, et qu'en variant les récoltes d'après un ordre raisonné, on maintenait la terre toujours en travail sans jamais l'épuiser.

Comment explique-t-on ce résultat ?

Par la différence dans le mode de nutrition des plantes.

Comme nous l'avons dit plus haut, chaque plante prenant dans la fumure une substance particulière, laisse après elle les éléments nutritifs qui conviennent au développement des plantes d'une nature différente.

Quelles sont les cultures qu'il convient d'intercaler entre les céréales ?

La pomme de terre, la betterave, les raves, le trèfle, les vesces et tous les fourrages qui sont récoltés en vert et qui, appliqués à la nourriture du bétail, contribuent à augmenter la masse des fumiers.

Cette culture intercalaire n'a-t-elle pas d'autres avantages que de servir à l'entretien du bétail ?

Elle contribue à purger le sol de toutes les mauvaises herbes.

Les pommes de terre et la betterave exigent des sarclages répétés qui nettoient parfaitement les champs.

Le trèfle et les plantes fourragères ont une puissance de végétation qui étouffe les mauvaises herbes.

L'assolement le plus généralement employé en Limousin satisfait-il à ces indications ?

Pas entièrement. Le cultivateur limousin divise ordinairement ses terres en deux soles (chadans) d'égale grandeur. Sur l'une, il sème une céréale, seigle ou froment. Sur la moitié de l'autre, il fait du sarrazin. Sur le reste, des pommes de terre et quelques raves ou betteraves, ou maïs fourrage.

Le sarrazin qui se récolte en graine étant une plante épuisante comme le blé, l'assolement limousin peut être considéré comme ramenant les cultures épuisantes trois années de suite sur la moitié des terres arables, et sous ce point de vue il doit être condamné.

L'expérience montre en effet que les rendements de grains dans cette condition de travail sont toujours très-faibles.

Comment pourrait-on l'améliorer ?

En faisant au trèfle dans l'assolement une part qui serait prise sur la céréale et le sarrazin.

Le trèfle permettant d'augmenter le cheptel deviendrait une source de profits pour le cultivateur, et le champ de céréale mieux fumé, puisque le cheptel serait plus fort, et moins épuisé, puisque la terre aurait pris un an de repos, donnerait, sur une moindre surface une récolte au moins égale à celle qu'il produit aujourd'hui.

Qu'est-ce qu'une culture dérobée ?

Aussitôt après qu'une céréale a été moissonnée: labourer ou herser le sol, y semer des raves qui seront récoltées à la fin de l'automne, et qui n'empêcheront pas de préparer la terre pour la récolte suivante s'ap-

pelle faire un redouble, ou récolter des raves en culture
dérobée.

C'est-à-dire que sans rien déranger à l'ordre de l'assolement on intercale, entre deux cultures régulières,
une plante qui n'occupe la terre que pendant qu'elle
serait restée libre.

SEPTIÈME PARTIE

DES PLANTES SARCLÉES

CHAPITRE I.

DES PLANTES SARCLÉES EN GÉNÉRAL.

Qu'appelle-t-on plantes sarclées ?
On désigne ainsi les plantes dont la culture nécessite un ou plusieurs binages ou sarclages.

Nommez ces plantes ?
Ces plantes sont: la pomme de terre, la betterave, le rutabaga, la carotte, le topinambour, la rave, le chou, le haricot, etc.

Quel emploi reçoivent-elles dans la ferme?
Elles fournissent pour l'alimentation hivernale du bétail une nourriture fraîche et savoureuse. Elles servent en même temps à l'alimentation de l'homme.

Quelle est leur utilité dans la culture ?
Par les binages et les sarclages qu'elles nécessitent, elles amènent la destruction des mauvaises herbes, l'aération du sol, et après leur enlèvement elles laissent le terrain quelles occupaient dans un excellent état de propreté et de préparation.

Quelle place occupent-elles dans un bon assolement ?
Elles précèdent ordinairement les céréales.

CHAPITRE II.

DE LA POMME DE TERRE.

Quel usage fait-on de la pomme de terre?

La pomme de terre sert non–seulement à nourrir l'homme, mais elle est excellente pour l'entretien du bétail, et surtout pour son engraissement.

Aussi est-elle considérée comme la plus utile de toutes les plantes sarclées.

Les terrains conviennent-ils tous également à la pomme de terre?

Non, cette plante préfère les terres légères, profondes, meubles et fraîches; dans les sols argileux et forts elle demande des façons répétées, et ne donne un bon rendement que dans les années sèches.

En quoi consiste la semence de la pomme de terre?

On peut reproduire la pomme de terre par les graines de son fruit, par bouture, ou par la mise en terre du tubercule lui-même. Ce dernier moyen a prévalu parce qu'il est le plus rapide et le plus sûr.

Comment le tubercule donne-t-il lieu à la reproduction de la plante?

Parce qu'il est pourvu de petits bourgeons appelés *yeux* qui sont de véritables marcottes et portent les organes nécessaires pour la reproduction de la plante.

Un même tubercule peut-il servir pour plusieurs pieds?

Les tubercules peuvent être divisés en autant de morceaux qu'ils contiennent de bourgeons, à condition de laisser autour du bourgeon une suffisante quantité de chair destinée à nourrir la plante dans les premiers jours de son développement.

Chaque morceau ainsi formé suffit pour donner naissance à un pied, mais quand on n'est pas à court de
semence, il est préférable de laisser le tubercule entier;
on doit le choisir bien sain et d'une grosseur moyenne.

A quelle époque ensemence-t-on la pomme de terre?

Si le terrain était libre, et que les gelées ne fussent
pas trop à redouter, on aurait avantage à planter la
pomme de terre en automne. On obtiendrait ainsi des
fruits plus gros et plus abondants, mais l'usage des
ensemencements de printemps à prévalu.

*Comment prépare-t-on le sol destiné à recevoir la pomme
de terre?*

La pomme de terre demande un sol bien ameubli et
bien fumé, il faut donc labourer et herser avec soin la
terre destinée à la recevoir. On la cultive sur planche
ou sur billon, suivant les usages des pays.

En Limousin c'est la culture sur billon qui est la plus
usitée.

Quels sont les fumiers les mieux appropriés à cette culture?

Les fumiers longs et pailleux, parce qu'ils conservent
au sol plus de perméabilité et donnent aux racines plus
de facilité pour s'étaler.

*Expliquez-nous comment est effectué le travail de la plan-
tation?*

On ouvre à l'aide de la charrue une raie de 20 centimètres environ de profondeur. On remplit cette raie de
fumier sur lequel on dépose à des intervalles de 30 à
40 centimètres les tubercules choisis pour servir de
semence.

On recouvre à la charrue et on recommence une
nouvelle ligne distante de la première de 50 à 60 centimètres pour l'ensemencer de la même façon.

*Une fois sortie de terre, la pomme de terre exige-t-elle
quelques soins?*

Un hersage énergique en long et en travers donne

toujours d'excellents résultats, car il ameublit la surface du sol.

Et plus tard, que faites-vous?

Je chausse la pomme de terre. Ce travail s'effectue soit à l'aide de la tranche, soit au moyen d'une charrue à deux versoirs appelée *buteur*.

Quand sarclez-vous les pommes de terre?

Autant de fois que la destruction des mauvaises herbes l'exige. Ce binage s'exécute facilement avec la houe.

Et la récolte, quand est-elle effectuée?

En automne, plus ou moins de bonne heure, suivant la précocité de l'espèce, lorsque la dessiccation des fanes annonce que le tubercule a pris son entier développement.

Comment déterre-t-on les pommes de terre?

Avec la tranche ou avec la charrue.

Quels sont les soins nécessaires pour la conservation de la pomme de terre?

On doit d'abord la laisser sécher à l'air pendant quelques jours, puis la mettre à l'abri du froid, de l'humidité et de la chaleur, en la déposant dans un cellier. On aura soin de la retourner de loin en loin pour éviter qu'elle ne s'échauffe, et si la maladie l'envahit, de trier et d'enlever les tubercules gâtés.

Existe-t-il plusieurs espèces de pommes de terre?

Oui, un grand nombre, dont les unes sont spécialement destinées à la nourriture de l'homme et les autres à celle des animaux.

Pourriez-vous nommer les espèces de pommes de terre les plus employées en Limousin?

L'espèce Chardon est généralement considérée comme la meilleure, comme celle qui se conserve le mieux, et qui est le moins sujette à la maladie. On cultive aussi l'espèce dite Saint-Jean à cause de sa plus grande précocité.

Quelles sont les maladies auxquelles les pommes de terre sont sujettes ?

La gale, la frisolée, la rouille, et celle enfin qui, à cause de son caractère épidémique, fait le plus de ravage, et qui est connue sous le nom de *Maladie de la pomme de terre* ?

Connaît-on quelques remèdes à opposer à cette dernière maladie ?

On a vainement cherché, mais, jusqu'ici, les efforts ont été infructueux. Cependant la maladie arrivant ordinairement à la fin de l'été, et paraissant s'attaquer surtout sur les champs plantés avec des tubercules divisés en morceaux, on conseille de ne cultiver que des espèces hâtives, et de n'ensemencer qu'avec des tubercules entiers.

Donnez-nous une idée du rendement moyen d'un hectare de pommes de terre ?

De 12 à 15,000 kilos, c'est-à-dire de 160 à 200 hectolitres.

Les terres légères, bien préparées, peuvent arriver à doubler ce rendement.

Quelle préparation fait-on subir à ce légume avant de le donner au bétail ?

On le donne presque toujours cuit et écrasé; il sert principalement à l'engraissement des porcs et des bêtes à cornes.

Dans quel récipient fait-on cuire les pommes de terre ?

La cuisson s'opère dans de grands vases appelés en Limousin toupie. Mais on fabrique depuis quelques années des appareils spéciaux appelés *cuiseuses*, qui nécessitent beaucoup moins de bois et cuisent bien plus vite.

Ce légume n'est-il pas employé à d'autres usages ?

L'industrie tire de la pomme de terre la fécule et l'alcool; les résidus de distillerie appelés *Pulpes* sont excellents pour engraisser le bétail.

CHAPITRE III.

DE LA BETTERAVE.

Y a-t-il plusieurs espéces de betteraves ?

Les betteraves peuvent être rangées en deux catégories :

1º La betterave fourragère, la plus usitée dans la petite agriculture.

2º La betterave à sucre, cultivée plus particulièrement en vue de la fabrication des sucres et des eaux-de-vie.

Donnez le nom des meilleures espéces de betteraves fourragères?

Ce sont :

La Disette,

La Globe,

L'ovoïde des Barres,

La blanche à collet vert,

La jaune d'Allemagne.

Pourquoi ces espèces de betteraves ne sont-elles point appelées betteraves à sucre?

Parce qu'elles ne contiennent pas une aussi grande quantité d'éléments sucrés que la betterave à sucre proprement dite.

Pour quelle raison, dans l'agriculture limousine, préfére-t-on la betterave fourragère à la betterave à sucre?

Parce que les betteraves à sucre donnent par hectare moins de produit que les bettteraves fourragères, et que le princiqe sucré qu'elles contiennent est de peu de valeur pour l'alimentation du bétail. — Elles ne sont donc avantageuses que lorsquelles doivent aller à la distillation ou à la fabrication du sucre.

La betterave s'accommode-t-elle de tous les terrains ?

Elle réussit dans presque tous les sols, pourvu toutefois qu'on ait soin de bien les préparer.

Comment doit être effectuée la préparation du sol?

Cette préparation nécessite trois bons labours :

Le premier à la fin de l'été pour ouvrir les terres;

Le second au commencement de l'hiver pour bien les défoncer;

Le troisième enfin au moment des ensemencements. En complétant ces labours par le passage du rouleau et de la herse on obtient sûrement un parfait ameublissement du sol.

Quelle est la quantité de fumier à répandre par hectare ?

Une abondante fumure est de rigueur, l'expérience nous montre chaque jour que plus la fumure est riche, plus la récolte est rémunératrice.

Cette plante fourragère a-t-elle des préférences pour certains engrais ?

Le phosphate de chaux, la potasse lui sont très-favorables, aussi recommande-t-on généralement d'amander le sol avec des fumiers très-consommés, et mélangés d'avance à des phosphates, des cendres, des poudres d'os.

Y a-t-il plusieurs manières de semer la betterave ?

On procède de plusieurs manières selon l'usage du pays, et la nature du sol.

Dans les terrains qui manquent de profondeur on préfère la culture sur billon.

Dans les sols riches on ensemence ordinairement sur planches.

Décrivez la méthode d'ensemencement sur billon ?

Le terrain ayant été disposé en sillons, la fumure est répandue dans la raie et enfouie par un autre labour de manière à ce que la bosse des sillons occupe la place où se trouvait précédemment le creux, et *vice versa.* — Alors sur le sommet de ce sillon, et de 50 en 50 centimètres on fait, à l'aide d'un petit piquet, des trous de 3 à 4 centimètres de profondeur, dans lesquels on dépose quelques graines que l'on recouvre soit avec la terre environnante, soit avec un peu de terreau préparé à l'avance. Cette addition de terreau favorise beaucoup la croissance de la betterave pendant sa jeunesse.

Les billons destinés à recevoir la semence doivent-ils être très-distants les uns des autres ?

Un espacement de 50 à 60 centimètres environ est considéré comme nécessaire.

Comment semez-vous la betterave sur planche ?

Egalement en ligne, en mettant entre les pieds la même distance que dans l'autre méthode, tant dans le sens de la largeur que dans celui de la longueur.

N'y a-t-il pas une troisième méthode également usitée ?

Elle consiste à semer les betteraves dans un coin de jardin, et à les repiquer ensuite soit en planche, soit sur billon.

L'ensemencement de la betterave est-il toujours effectué à la main ?

Dans les grandes exploitations et dans les contrées où la betterave est cultivée en grand on emploie *le semoir.*

Qu'est-ce que le semoir ?

C'est un instrument qui dépose dans le sol, économiquement et régulièrement, les graines qu'on lui confie ; il permet d'ensemencer en quelques heures de grandes surfaces. malheureusement il est d'un prix très-élevé.

Dans ce que vous venez de dire, vous avez parlé d'en-semencements réguliers et en ligne. Cette manière de procéder est donc bien supérieure à l'ensemencement à la volée?

Elle est très-supérieure en effet à cause des facilités qu'elle donne pour l'exécution des sarclages qui peuvent alors être en grande partie effectués avec des machines disposées pour cet usage, telles que la herse et le scari-ficateur, etc., etc.

Quelle est la quantité de graine nécessaire pour semer un hectare de betteraves?

De 6 à 8 kilos quand on sème à la volée, et de 3 à 4 kilos pour les semis en ligne. — Le semis en pépi-nière n'emploie guère que 3 kilos.

A quelle époque sème-t-on la betterave?

Lorsque les gelées ne sont plus à redouter, c'est-à-dire du 15 avril au 15 mai.

Comment obtenir une levée uniforme?

Pour arriver facilement à une levée régulière, simul-tanée et précoce, certains cultivateurs font tremper leur semence dans une eau contenant une moitié de purin, ou bien encore pralinent leurs graines dans du super-phosphate.

Une fois les betteraves levées qu'y a-t-il à faire?

Les éclaircir avec beaucoup de soin et de façon à ne pas endommager les plants qu'on laisse.

Toujours conserver entre les pieds un écartement de 40 à 50 centimètres et repiquer du plant là où les graines n'auraient pas levé.

Pourriez-vous nous dire quelles sont les conditions essen-tielles pour assurer la réussite de l'opération?

Il y en a trois :

1º Ne choisir pour être repiqués que des plants ayant atteint la grosseur d'un fort tuyau de plume;

2º N'employer que des plants en parfait état;

3º Prendre garde que les racines ne se replient en les mettant en terre.

Pendant leur croissance les betteraves réclament-elles quelques autres travaux?

Il est nécessaire de les biner autant de fois que l'exige l'envahissement des mauvaises herbes, mais il faut bien se garder de les butter, car on nuirait à leur développement.

Lorsqu'elles sont devenues un peu fortes, peut-on les effeuiller?

Cela nuit toujours beaucoup à leurs racines, à moins de n'enlever absolument que les feuilles les plus basses, et de laisser intact le bouquet central de la plante.

Vers quelle époque convient-il de les arracher?

A l'approche de la Toussaint.

Il arrive parfois cependant dans un assolement que le froment succède à la betterave.

On est alors obligé sous les climats rigoureux d'arracher cette fourragère plus de bonne heure, afin de pouvoir ensemencer avant la venue des froids et des pluies.

Comment procède-t-on à l'arrachage de la betterave?

Dans les terres légères, l'arrachage des espèces fourragères qui sortent presque toutes de terre est ordinairement effectué à la main. On saisit la plante par son feuillage, et on la fait sortir de terre. On coupe ensuite la tige à sa naissance et le fruit est bon à rentrer.

De quelle manière conservez-vous la betterave?

Dans des caves, ou dans des silos, et en général partout où l'on peut les mettre à l'abri des froids, de l'humidité et d'une trop grande chaleur.

Qu'est-ce qu'un silos?

On nomme ainsi un fossé que l'on creuse en terre, et dans lequel on enfouit les légumes que l'on veut conserver l'hiver.

Donnez-nous une idée du rendement d'un hectare de betteraves ?

Un hectare très-bien fumé donne facilement de 60 à 80,000 kilos, mais le rendement moyen n'atteint guère que la moitié de ce chiffre.

Comment utilise-t-on la betterave ?

Comme nourriture pour le bétail; cet aliment lui est ordinairement distribué à son état naturel, après avoir été réduit en morceaux, soit à la main, soit au moyen d'un instrument appelé *coupe-racine.*

Quel est un des éléments de supériorité de la betterave sur les autres légumes fourragers ?

Au lieu de se gâter promptement comme le font la carotte, la rave, ou le topinambour, la betterave peut se conserver dans un parfait état jusque vers la fin de mai; aussi est-elle la dernière de toutes les racines mises en consommation.

La betterave sert-elle seulement à la nourriture du bétail ?

On l'emploie aussi beaucoup pour la fabrication des eaux-de-vies et des sucres. Elle constitue alors une culture des plus lucratives, car après avoir servi à l'industrie elle laisse des résidus ou pulpes, presque aussi précieux pour l'engraissement du bétail que le fruit lui-même.

CHAPITRE IV

DE LA CAROTTE.

Y a-t-il plusieurs espèces de carottes ?

Les diverses variétés de carottes sont divisées en deux

catégories ; les carottes potagères dont nous n'avons point à parler ici, et les carottes fourragères.

Cette dernière diffère-t-elle beaucoup de la carotte potagère ?

Elle est blanche au lieu d'être rouge et atteint ordinairement, dans les terrains bien préparés, un plus grand développement. Elle constitue un excellent fourrage pour le jeune bétail.

Citez les meilleures variétés.

La carotte blanche à collet vert ;
La carotte blanche des Vosges.

Quels sont les terrains les plus appropriés à sa culture ?

Elle se plaît dans les terres fraîches, légères, profondes et convenablement ameublies et fumées.

Comment sème-t-on les carottes ?

Comme la betterave : en ligne, sur planche ou sur billon.

Ce travail s'effectue soit à la main, soit au semoir.

Quelle est l'époque la plus convenable pour cette opération ?

La fin d'avril, quand les gelées ne sont pas trop à craindre.

Indiquez la quantité de semence nécessaire pour semer en ligne 25 ares de carottes ?

De 5 à 8 litres environ, en espaçant les pieds de 10 à 15 centimètres.

Quels sont les soins réclamés pendant sa croissance ?

Il faut, comme dans la culture de la betterave et des autres plantes sarclées, tenir le sol parfaitement propre par des binages répétés.

Quel est le rendement ordinaire d'un hectare de carottes ?

De 25 à 30,000 kilos.

La carotte est-elle d'une conservation facile ?

On la conserve comme la betterave en la mettant en

cave, mais moins longtemps. Elle doit donc être mangée dans le courant de l'hiver.

CHAPITRE V

DU RUTABAGA OU CHOU-RAVE.

Qu'est-ce que le rutabaga ?

Une variété de chou qui possède une racine à chair jaune en forme de rave et très-volumineuse. On le cultive surtout pour cette racine, qui se conserve parfaitement et qui donne une excellente nourriture pour le bétail.

Comment le cultive-t-on ?

On le sème en pépinière vers le mois de mars, et on le repique ensuite en juin sur des billons fumés intérieurement comme ceux qui sont préparés pour la pomme de terre.

Quels soins faut-il donner au rutabaga pendant sa végétation ?

Les soins à prendre pour sa culture consistent dans un ou deux binages.

Quel est son rendement à l'hectare ?

De 30 à 40 tombereaux.

Comment peut-on le conserver ?

Le rutabaga, comme le topinambour, résiste aux plus grandes gelées, quand il est en terre. On peut donc le laisser en place et ne l'arracher qu'au fur et à mesure des besoins.

6

CHAPITRE VI

DE LA RAVE.

Existe-t-il plusieurs variétés de rave?

Chaque pays a en quelque sorte la sienne, mais en Limousin on ne cultive guère que la rave plate et la rave à collet vert.

Quelle est la qualité qui la rend précieuse pour le cultivateur?

C'est la rapidité de sa croissance, qui permet de ne l'ensemencer qu'après la récolte des céréales et de l'obtenir comme récolte dérobée.

S'accommode-t-elle de tous les terrains?

Elle affectionne surtout les terres légères et fraîches, mais elle peut encore donner une récolte passable sur les sols les plus ingrats quand la terre a été convenablement préparée.

Quels sont les engrais qui conviennent le mieux à la rave?

Ce sont surtout les engrais phosphatés tels que les noirs de raffinerie, les poudres d'os et les guanos.

Comment prépare-t-on le sol destiné à la recevoir?

Quand la rave est cultivée comme récolte principale, on doit préparer le sol comme on le ferait pour une autre racine. Si on la prend comme culture dérobée, on donne un coup de charrue sur le champ qui lui est destiné, puis on jette la graine à la volée en choisissant autant que possible un jour couvert et pluvieux.

L'ensemencement réussit-il toujours?

Quand le temps est très-sec au moment de la levée, il arrive souvent que la rave naissante est dévorée par

des insectes, on est alors obligé de recommencer l'ensemencement.

Quels sont les soins à lui donner pendant la végétation ?

Il est nécessaire quand la plante est jeune de la défendre contre les mauvaises herbes par un sarclage, et
si elle a été semée trop épaisse de l'éclaircir. Dans la
grande culture on effectue cet éclaircissage par un vigoureux coup de herse.

Quel est le rendement de cette plante ?

Faite en récolte principale, elle peut donner jusqu'à
cent tombereaux par hectare.

En récolte dérobée elle ne produit que le tiers ou la
moitié de cette quantité.

Comment la conserve-t-on ?

La rave mise en cave ne peut guère être conservée
au-delà du mois de janvier ; mais comme elle craint
peu le froid, on la laisse souvent sur le champ qui la
porte et on l'arrache au jour le jour suivant les besoins
de la consommation.

Quelle est sa valeur nutritive ?

Elle est plus aqueuse et par conséquent moins nutritive que la betterave et le rutabaga, mais elle n'en
constitue pas moins pour les bêtes à corne et pour les
moutons, qui en sont très-friands, une nourriture saine
et rafraîchissante qui lui assigne un rôle très-utile dans
les exploitations du Limousin.

CHAPITRE VII

DU TOPINAMBOUR.

Qu'est-ce que le topinambour ?

Un tubercule très-précieux pour la nourriture et l'engraissement de tous les animaux de la ferme. Les bêtes

à corne, les bêtes à laine et les porcs en sont également friands.

Il est aussi employé comme plante industrielle pour la fabrication des alcools.

Cette plante ne possède-t-elle pas des qualités exceptionnelles ?

C'est la plus rustique et la moins exigeante de toutes les plantes sarclées. Elle s'accommode de tous les terrains secs, se contente de faibles fumures et peut occuper le même champ pendant un grand nombre d'années sans cesser de produire. Elle ne redoute pas la gelée, n'est attaquée par aucun insecte et n'est exposée à aucune maladie.

Quels sont les fumiers qui lui conviennent le mieux ?

Les fumiers d'étable et les cendres lessivées.

Comment est-elle reproduite ?

Le topinambour est semé comme la pomme de terre au moyen de tubercules entiers ou coupés que l'on met en ligne à des distances de 50 à 60 centimètres les uns des autres.

Demande-t-elle quelques frais de culture ?

Un buttage pour chausser les pieds et un ou deux sarclages pour détruire les mauvaises herbes au moment où les premiers jets sortent de terre. Quand une fois la plante a grandi elle étouffe toute végétation autour d'elle et laisse le sol parfaitement nettoyé.

Quand le récolte-t-on ?

En hiver, et comme le tubercule une fois sorti de terre est très-prompt à s'échauffer, on a soin de ne l'arracher qu'au fur et à mesure des besoins. Aussi longtemps qu'il reste en terre il résiste aux plus grands froids sans en souffrir.

Ne peut-on utiliser les feuilles pour la nourriture du bétail ?

Les chevaux, les vaches et les moutons mangent très-volontiers les feuilles de topinambour. Mais en dépouillant la plante de ses tiges on nuit beaucoup au développement du tubercule. Quand on veut utiliser les tiges comme fourrage vert, il faut les couper vers le mois de septembre. On peut aussi, en laissant sécher les feuilles, en obtenir un fourrage sec d'hiver pour les moutons.

Quel est le rendement d'un hectare en feuilles et en tubercules ?

On évalue à 6 ou 7,000 kilogrammes par hectare la récolte des fanes sèches. Le rendement des tubercules varie beaucoup avec la fumure et peut aller de 20 à 40 tombereaux et au delà par hectare.

Dans un champ de topinambour que l'on veut conserver, est-il nécessaire de renouveler chaque année l'ensemencement ?

L'arrachage des topinambours laisse toujours dans le sol un nombre de tubercules plus que suffisant pour suppléer à un ensemencement régulier. On peut donc, à la rigueur, se dispenser de ce dernier travail et se contenter de mettre les pousses en ligne et de les éclaircir au moyen du buttoir ou de la charrue, mais dans ce cas le rendement est toujours inférieur à celui qu'on obtiendrait à la suite d'un ensemencement régulier.

Comment le topinambour est-il donné au bétail ?

Comme il retient souvent de petites pierres dans ses gibbosités, il est nécessaire de le laver avec soin. On le coupe ensuite comme les autres racines en tranches plus ou moins minces, suivant qu'on le destine à la nourriture des bêtes à cornes ou à celle des moutons.

Cette nourriture ne peut-elle amener d'accidents ?

Donnée en trop grande abondance, elle peut amener l'enflure, il ne faut donc la distribuer que peu à peu, surtout au premier repas du matin, quand les animaux excités par la faim mangent volontiers gloutonnement.

6.

CHAPITRE VIII

RÉCOLTE DES GRAINES ET REPIQUAGE DES RACINES SARCLÉES.

Comment obtient-on les graines des racines et plantes sarclées ?

Au moment de la récolte, on réserve les plus beaux sujets de chaque variété, on les met en jauge entiers, avec leur fanne, dans un lieu abrité contre la gelée. Au printemps suivant, on les plante dans une terre bien meuble et abondamment fumée. Ils ne tardent pas à fleurir et à porter des graines qui sont récoltées après complète maturité.

La graine est-elle toujours ensemencée sur place ?

Pas toujours ; différentes considérations peuvent amener le cultivateur à élever d'abord ses jeunes plantes en pépinière pour ne les repiquer en place que plus tard.

Quelles sont les considérations qui font préférer le semis en pépinière au semis sur place ?

Il y en a deux principales : le désir d'obtenir des plants vigoureux et précoces au moyen des soins exceptionnels qu'on peut donner à la petite surface d'un carré de jardin qui reçoit toute la semence ; et le besoin de gagner cinq à six semaines pour mieux préparer le champ que la plante doit définitivement occuper.

Ne dispense-t-il pas aussi d'un sarclage ?

Le repiquage est aussi recommandé comme moyen d'éviter les opérations minutieuses de l'éclaircissage ou démariage et du premier sarclage que le petit développement de la plante naissante rend très-délicat.

Quel est son inconvénient ?

De mal réussir par les temps de sécheresse prolongée.

Comment opère-t-on la transplantation ?

On peut l'effectuer à l'aide du plantoir ou de la charrue.

Qu'est-ce que le plantoir ?

Un piquet rond et pointu, un peu plus grand que la racine des plantes à repiquer.

Décrivez le repiquage au plantoir.

Après avoir pratiqué en terre, au moyen du plantoir, une série de trous convenablement espacés, on fait descendre un plant dans chacun de ces trous en ayant soin de l'enfoncer jusqu'au collet, mais non au delà, et de n'en pas tordre ni plier les racines. On appuie ensuite avec le pied pour chausser la plante.

Et le repiquage à la charrue, comment est-il effectué ?

Au moyen d'un fort trait de charrue, on verse sur le champ une bande de terre, et, sur cette bande, on dépose de distance en distance, à des intervalles convenables, un pied de plant, en ayant soin de laisser hors du sol le feuillage de la jeune plante. On recouvre ensuite par une seconde bande de terre rejetée sur la première par un second trait de charrue.

Quelles sont les conditions à remplir pour obtenir une bonne transplantation ?

Elles sont au nombre de quatre. Il faut :

1º Que le plant soit vigoureux et de la grosseur d'un tuyau de plume ;

2º Que son arrachage ait été effectué avec soin et sans endommager les radicelles des plantes ;

3º Que dans la mise en terre les racines n'aient pas été repliées ;

4° Que la plante repiquée soit bien chaussée en terre.

N'existe-t-il pas un moyen de mieux assurer la reprise des plantes ?

On rend la reprise des plantes plus prompte et plus sûre en trempant, au moment du repiquage, leur racine dans un engrais liquide, tel par exemple que du purin étendu de moitié d'eau.

CHAPITRE IX

DU HARICOT.

Ne peut-on pas ranger le haricot parmi les cultures sarclées ?

En effet, on doit le classer dans cette catégorie, car cette plante exige plusieurs binages.

Le haricot s'accommode-t-il de tous les terrains ?

Il demande un sol riche et bien fumé. Il craint l'excès de sécheresse autant que la grande humidité.

Comment faut-il préparer le terrain pour le haricot ?

Comme pour une culture de printemps.

Deux labours à l'automne, une fumure et un labour en planche au mois de mars.

Qu'y a-t-il à faire avant de semer le haricot ?

Passer sur le champ le rouleau Crosskill ou à son défaut la herse afin de bien ameublir le sol.

A quelle époque plante-t-on le haricot ?

Lorsque les gelées ne sont plus à craindre, environ vers le 15 mai.

De quelle manière la plantation se fait-elle ?

Le terrain étant préparé en planches, on le plante en

lignes, en ayant soin de mettre toujours trois ou quatre graines ensemble, et d'espacer les pieds de 40 centimètres dans tous les sens.

Après la plantation, qu'y a-t-il à faire ?

Il est nécessaire de biner les pieds plusieurs fois afin d'y entretenir un sol frais et ameubli.

N'y a-t-il pas des précautions à prendre pour récolter les haricots qui mûrissent les premiers ?

Ce travail ne peut être confié qu'à des personnes soigneuses, car en tirant les cosses mûres sans précaution, il est facile de casser les tiges et de perdre ainsi les haricots qui auraient mûri plus tard.

Les pieds de haricots arrachés et liés en petites bottes sont laissés quelques jours dans le champ pour y perdre leur humidité, puis ils sont rentrés dans un grenier où ils restent dans leurs cosses jusqu'à l'époque de la vente.

Nommez les meilleures espèces.

Le haricot *chargebas*, le coq blanc.

Quel est le rendement à l'hectare ?

De 15 à 20 sacs à l'hectare.

Le haricot est-il toujours cultivé seul ?

On plante souvent entre les pieds de haricots des graines de maïs.

Cette céréale leur sert alors de rame, et les abrite contre l'ardeur des rayons du soleil.

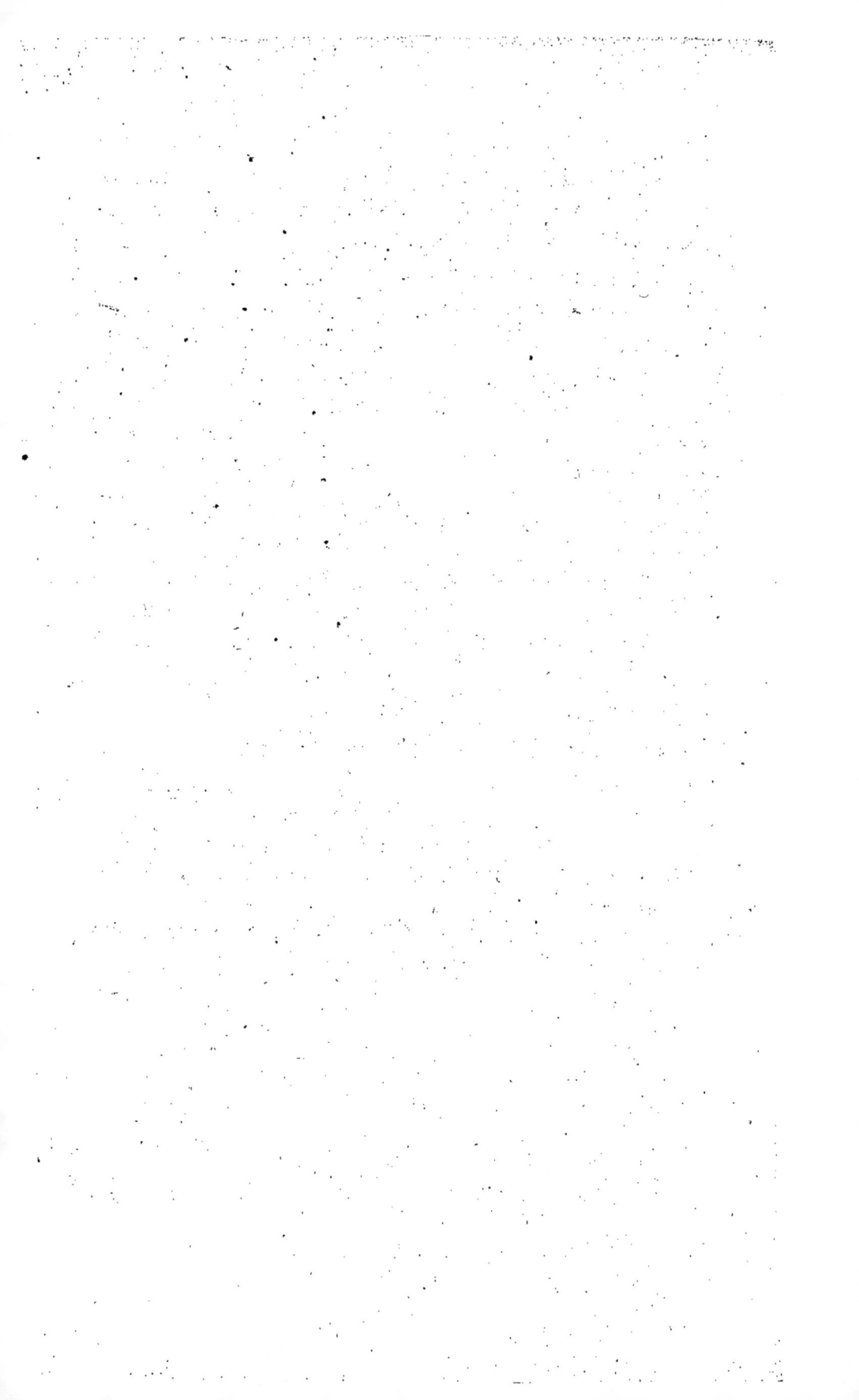

HUITIÈME PARTIE

CÉRÉALES, MOISSON, BATTAGE

CHAPITRE PREMIER

DES CÉRÉALES.

Qu'appelez-vous céréales?

Les plantes dont les grains forment régulièrement ou accidentellement la base de la nourriture de l'homme.

Nommez ces plantes.

Le froment, le seigle, l'orge, l'avoine et le sarrazin, aussi appelé blé noir.

Désignez-nous les céréales qui peuvent être semées soit au printemps, soit à l'automne.

Toutes les céréales à l'exception du sarrazin peuvent être ensemencées à l'une ou l'autre de ces saisons, en choisissant une variété convenable.

Pourquoi dit-on qu'il est préférable d'ensemencer les céréales en automne ?

Parce que les céréales d'automne passant dans la terre un plus grand nombre de mois, donnent ordinairement un grain plus nourri et un rendement meilleur que les céréales semées au printemps qui ne restent sur le sol que quatre mois.

A quelle époque ensemence-t-on les céréales d'hiver ?

Cela dépend beaucoup des terrains et des circonstances ; l'expérience peut seule servir de guide. On peut dire en général que dans les climats soumis à des hivers rigoureux, il faut éviter les ensemencements tardifs.

Et les céréales de printemps, dans quel mois les faites-vous ?

En mars et en avril. Le sarrazin, très-sensible au froid, ne doit être ensemencé qu'à la fin de mai.

Quelle place les céréales occupent-elles dans la rotation limousine ?

Elles succèdent en partie aux cultures sarclées, comme nous l'avons dit plus haut, sauf le blé noir, qui n'est ensemencé qu'au printemps.

Parlez-nous des travaux à exécuter avant l'ensemencement des céréales d'automne.

Dès que la plante sarclée ou le sarrazin sont récoltés, on donne un vigoureux coup de herse pour égaliser la terre, puis, le fumier étant conduit et répandu, on laboure profondément le sol.

Comment dispose-t-on la terre pour recevoir la semence ?

En billon, ou en planche, selon les habitudes locales et la disposition des lieux.

Dans la culture en planche, avant l'ensemencement, n'y a-t-il pas autre chose à faire pour achever la préparation complète du terrain ?

Il est utile de passer de nouveau la herse et de casser ensuite les mottes de terre ou de gazon que cet instrument aurait retournées sans les broyer, afin que rien ne s'oppose à la croissance du blé.

Le rouleau Croskill qui a, en outre, l'immense avantage de tasser le sol, exécute fort bien ces deux opérations en même temps.

Et dans la culture sur billon ?

On se contente de casser les mottes au moyen e la tranche.

Comment ensemence-t-on les céréales?

L'ensemencement des céréales peut être effectué de plusieurs manières. On ensemence sur billon ou à plat, sur raie ou sous raie, à la volée ou en lignes.

Qu'est-ce qui a donné naissance à cette diversité de méthodes?

C'est le désir de placer toujours la semence dans les meilleures conditions de levée et de développement, qui varient avec la constitution du sol et la nature du climat.

La semence des céréales ne doit donc pas toujours être enfoncée à la même profondeur ?

L'expérience a montré que la semence doit être plus enterrée dans les terres légères ou maigres, dans les climats chauds et secs, que dans les terres fortes et les climats humides ; les graines qui ne sont pas recouvertes de 3 centimètres au moins se développent mal, celles qui sont enfoncées de plus de 8 centimètres pourrissent et ne lèvent pas.

Indiquez les mérites particuliers de chacun des modes d'ensemencement?

Dans les pays humides ou qui manquent de fonds de terre, l'ensemencement sur billon donne à la plante une assiette toujours saine et suffisamment profonde.

Dans les terres sèches et légères, on pratique l'ensemencement sous raie qui enterre la semence à une plus grande profondeur.

Dans les terres argileuses et compactes, l'ensemencement sur raie, qui laisse la graine jusqu'à fleur de terre, est préféré.

7

Enfin, l'ensemencement en lignes est réservé pour les terrains très-sains et très-ameublis.

Comment séme-t-on sur billon ?

L'ensemencement sur billon rentre dans la catégorie des ensemencements sous raie. Il est effectué à la volée et recouvert par un labour.

Et l'ensemencement sur raie ?

Ce genre d'ensemencement n'est possible que sur planche ou à plat. Après avoir hersé une première fois le terrain qui doit le recevoir, on jette la semence à la volée et on recouvre par un nouveau hersage.

Comment est obtenu l'ensemencement en ligne ?

Au moyen d'un appareil nommé semoir qui dépose mécaniquement le grain dans le sein de la terre à la profondeur que le cultivateur juge la plus convenable et suivant des lignes parallèles écartées de 15 à 20 centimètres.

Quel avantage les semis en ligne présentent-ils ?

Ils permettent à l'air et à la lumière de circuler autour des pieds de blé, ce qui favorise le tallage et prévient la verse. Ce dernier accident résulte, en effet, presque toujours, de la faiblesse et de l'humidité des tiges.

La culture sur billon ne produit-elle pas une partie de ces bons effets ?

Oui, l'ensemencement sur billon peut être considéré à plusieurs égards comme un semis en ligne, puisqu'entre deux ados il maintient toujours un espace vide.

Quelle quantité de semence emploie-t-on par hectare ?

Dans l'ensemencement à la volée qui égare beaucoup de grains à des profondeurs trop grandes ou trop petites pour qu'ils puissent germer, on emploie ordinairement deux hectolitres à l'hectare. Un hectolitre suffit avec le semoir parce qu'alors tous les grains enterré sont utilisés.

Faut-il surveiller les champs de céréales pendant leur végétation?

On doit leur donner la plus grande attention à la sortie de l'hiver et durant le printemps pour remédier de suite aux accidents que les variations de température pourraient occasionner.

Quels sont ces accidents?

Ils résultent les uns des pluies prolongées, les autres de la succession des gelées tardives et des dégels, les autres enfin d'une sécheresse trop persistante.

Comment obvie-t-on aux mauvais effets des pluies prolongées?

En entretenant avec soin les raies d'écoulement qu'un cultivateur soigneux ne doit jamais manquer de creuser dans le sens de la déclivité du sol, autour de ses planches ou à travers ses champs. Ce curage est effectué avec la charrue ou le buttoir.

Quel est l'effet produit par la succession des gelées et des dégels?

Dans les sols légers, la gelée survenant au moment où la terre est encore humide, soulève la couche arable et avec elle les plantes que cette couche contient. Il est alors nécessaire de tasser le champ et de rechausser la céréale par un roulage plus ou moins énergique.

Et l'influence d'une sécheresse prolongée, comment faut-il la combattre?

Cette influence est surtout à redouter dans les sols argileux. Elle amène sur la surface du champ la formation d'une croûte imperméable à l'air, très-préjudiciable au développement de la plante. On y remédie par un hersage assez énergique pour rendre au sol son état normal.

Si malgré ces soins la récolte a souffert et reste chétive, ne peut-on lui rendre sa vigueur ?

On rétablit facilement une céréale qui a souffert en la saupoudrant avec une petite quantité de guano ou de sulfate d'ammoniaque. On doit mélanger cet engrais avec trois à quatre fois son poids de terre et le répandre à la volée par un temps humide.

Est-il nécessaire de sarcler les céréales ?

Cette opération serait certainement bien utile, surtout dans les années pluvieuses, car les mauvaises herbes nuisent beaucoup à la végétation des blés, mais elle est d'une exécution bien difficile dans les champs semés à la volée.

Sur les champs semés en ligne, elle est effectuée par une machine qui promène des petites lames de sarcloir entre les lignes.

CHAPITRE II

DE LA MOISSON.

Quand faut-il moissonner les céréales ?

Avant qu'elles ne soient arrivées à entière maturité. Cette précaution est surtout essentielle pour le froment dont les grains se détachent si facilement de l'épi.

Comment coupe-t-on les céréales en Limousin ?

Avec la faucille ou le volant.

On commence depuis peu à se servir de la faux et de la sape ; ces deux instruments font beaucoup plus d'ouvrage.

Décrivez-nous la moisson à la faux à rateau ?

On fauche habituellement la céréale en dedans, c'est-à-dire que les épis fauchés restent debout appuyés sur le blé non coupé qui les environne.

Une personne suit par derrière avec un crochet ou une faucille, elle rassemble les épis et les dispose en andains.

Qu'appelle-t-on andains ?

Les petits tas d'épis que font les moissonneurs.

Donnez-nous une idée de la sape ?

La sape nécessite l'emploi simultané de deux instruments : d'une petite faux à manche court dont le moissonneur se sert pour couper le blé et d'un crochet à l'aide duquel il maintient les épis coupés dans leur position verticale.

Pour former l'andain on soulève la gerbe abattue au moyen de la faux et on la couche sur le sol. C'est ainsi que procèdent les piqueteurs belges.

Quelle différence existe-t-il entre la faucille et le volant ?

La tranche de la faucille est dentelée tandis que celle du volant est unie comme celle d'un couteau.

La céréale étant coupée, qu'en fait-on ?

Après avoir mis les andains en bottes et les avoir laissés à l'air quelques jours, on les rentre ou on les met en meule pour attendre le moment du battage.

Pourquoi laisse-t-on les andains plusieurs jours avant de les mettre en gerbe ?

Parce que le blé devant être toujours coupé une semaine avant d'être arrivé à maturité complète, il faut donner à la paille le temps de sécher et au grain le temps de se mûrir.

Pourrait-on laisser les andains couchés sur le sol ?

On ne le fait que trop souvent, mais c'est une très-mauvaise pratique, car si le temps est pluvieux la paille noircit et le grain peut germer.

Comment évite-t-on ces inconvénients ?

En mettant les andains en moyette.

Qu'est-ce que mettre en moyette ?

C'est disposer la paille moissonnée debout, les épis en l'air, de manière à en former un faisceau que l'on coiffe ensuite avec une botte d'épis liée par le pied et posée sur le faisceau les épis en bas, de manière à imiter la forme d'une ruche à miel.

Fig. 4. — Moyette.

Les épis ainsi disposés se conservent très-bien par les plus mauvais temps.

Avec quoi lie-t-on les gerbes ?

Avec de la paille de seigle, la paille de froment étant trop cassante pour ce genre d'usage.

CHAPITRE III

DU BATTAGE.

De quelle manière sépare-t-on le grain de l'épi dans les céréales ?

Par le battage.

Comment cette opération est-elle effectuée ?

En frappant les épis avec un fléau ou en les faisant passer dans des machines appelées batteuses. Il y a aussi des pays méridionaux dans lesquels le battage s'obtient en étendant les épis sur une aire disposée en manége et faisant trotter des chevaux sur la voie ainsi formée.

Quels sont les inconvénients du battage au fléau ?

Cette méthode de battage nécessite dans les fermes de quelque étendue, un grand nombre de bras qui ne sont pas toujours à la disposition du cultivateur dans le moment opportun pour la vente. Elle laisse en outre dans les épis battus une quantité de grains évaluée à 6 0/0 et qui est perdue pour le cultivateur.

Quel est le travail effectué par un bon batteur ?

On a constaté qu'un bon batteur emploie 10 journées de 10 heures pour battre la récolte d'un hectare. On évalue à 1 fr. par hectolitre le prix de son travail.

Quels sont les avantages du battage mécanique ?

Avec la batteuse on ne dépend de personne ; le grain aussitôt moissonné, peut être battu soit dans la gran e soit dans le champ même si le temps le permet. Le cultivateur est alors à même de conserver ou de vendre son grain selon que les prix courants lui paraissent plus ou moins avantageux.

Ne dit-on pas que les batteuses hachent la paille ?

En effet, les batteuses peu perfectionnées et mues par des manéges produisent assez souvent ce résultat, mais si elles enlèvent à la paille sa valeur industrielle, elles obligent le colon à en trouver l'emploi soit dans ses litières, soit dans la nourriture du bétail, et conservent de la sorte à l'agriculteur une de ses plus grandes sources de richesse.

Y a-t-il plusieurs espèces de batteuses?

Il en existe un très-grand nombre, car chaque constructeur cherche à en perfectionner le mécanisme. Mais
on peut les ranger dans deux grandes classifications :
celles qui effectuent le battage de la paille en long et
qui la brisent et celles qui battent en travers.

Les batteuses les plus perfectionnées vannent en
même temps le grain et le déversent directement dans
les sacs.

*Comment les batteuses mécaniques sont-elles mises en mou-
vement?*

On peut, suivant leur calibre et la quantité de travail
qu'elles donnent, les faire mouvoir à bras d'hommes ; par
un manège desservi par des chevaux ou des bêtes à
cornes, ou enfin au moyen d'une machine à vapeur
montée sur des roues, qu'on appelle locomobile. Par ce
dernier moyen on peut battre 140 gerbes à l'heure.

*Les petites fermes peuvent-elles payer les frais d'achat des
batteuses à vapeur ?*

Non, sans aucun doute, mais il s'est établi, depuis
quelques années, des entrepreneurs qui se transportent
dans la campagne et battent le grain à raison de 80 cen-
times l'hectolitre. Quand on peut employer ce moyen
c'est certainement le plus expéditif et le plus économique de tous.

CHAPITRE IV

DU FROMENT.

Quelle est la première de toutes les céréales ?
Le froment.

Le froment s'accommode-t-il de tous les terrains?
Il ne réussit que dans les terrains bien fumés et dans

les sols calcaires; aussi sa culture, en Limousin, exige-t-elle le chaulage des terres qui, comme on le sait, ne contiennent, à quelques exceptions près, aucune substance calcaire.

Y a-t-il plusieurs espèces de froment?
Il y en a deux: l'espèce sans barbe et l'espèce barbue ordinairement beaucoup plus rustique.

Quelle est la meilleure des deux variétés?
Cela dépend des terrains, de l'exposition, et des climats.

A quels caractères principaux reconnait-on les diverses variétés de froment?
A la couleur et à la forme des grains et à leur disposition dans l'épi.

Avant d'ensemencer ne fait-on pas subir au grain une préparation?
On le soumet à l'opération du chaulage ou du sulfatage.

Dans quel but?
Afin de préserver le grain d'une maladie nommée la carie.

Qu'est-ce que la carie?
Une maladie du grain qui change la farine en poussière noire.

Comment doit-on procéder pour chauler les semences?
On prépare une liqueur obtenue en faisant éteindre dans une vingtaine de litres d'eau chaude, deux kilos de chaux vive et ajoutant un demi kilog. de sel de cuisine, puis on répand cette liqueur sur le grain en remuant continuellement avec des pelles en bois pour rendre l'imbibition complète. On met alors la semence en tas et on la remue de temps en temps jusqu'à ce qu'elle soit sèche.

7.

Qu'est-ce que le sulfatage?

C'est une opération semblable dans laquelle on remplace le sel de cuisine par du sulfate de soude.

Quel est le rendement ordinaire du froment?

Dans les terres fortes et cultivées avec soin, le froment produit de 30 à 40 hectolitres par hectare, mais dans les terrains légers on obtient difficilement plus de la moitié de ces quantités.

Quel est le poids normal de l'hectolitre de froment?

Il est de 80 kilog. correspondant à une quantité de 120 à 180 kil. de paille, mais dans les terres légères, il est rare que le sac de froment atteigde ce poids.

CHAPITRE V.

DU SEIGLE, DU SARRAZIN, DE L'ORGE.

La culture du seigle est-elle très-répandue?

N'exigeant pas la présence des éléments calcaires, et supportant mieux que le froment les rigueurs des climats, le seigle s'accommode des terrains légers et pauvres, aussi le retrouvons-nous sur une grande partie de l'Europe qui sans lui n'aurait pas de pain.

Fait-on du seigle de printemps?

Rarement, si ce n'est pour remplacer le moins mal possible un seigle d'hiver qui n'aurait pas réussi.

Ne cultive-t-on pas quelquefois le seigle comme fourrage vert précoce?

Oui, mais on le sème alors de bonne heure afin qu'il soit assez fort pour être coupé dans les premiers jours de mai.

Jusqu'à quelle époque les ensemencements d'hiver peuvent-ils être effectués ?

Jusque vers le 15 décembre, mais il est préférable de ne pas attendre aussi tard.

Indiquez le rendement du seigle ?

7 à 8 sacs dans les terres mal cultivées. Dans un sol riche le rendement peut s'élever à 15 ou même 20 hectolitres.

Connaissez-vous son poids normal ?

Son poids habituel varie entre 70 et 75 kil. par sac. Le poids marchand est de 75 kil.

Utilise-t-on la paille de seigle ?

Contenant peu de principes nutritifs, la paille de seigle sert ordinairement de litière, et n'entre dans l'alimentation du bétail que mélangée avec des betteraves ou des topinambours, particulièrement dans les années de disette de fourrage.

Elle est en outre employée dans une foule d'industries, notamment pour la fabrication du papier.

A quelle époque sème-t-on le sarrazin ?

Au mois de mai, lorsque les gelées ne sont plus à redouter. La récolte a lieu trois mois après.

Et son rendement, quel est-il à l'hectare ?

De 5 à 8 sacs en moyenne. En bonne année il n'est pas rare d'atteindre 20 sacs; le poids normal du sac est de 60 kilog.

Comment s'opère la récolte du sarrazin ?

La plupart des graines étant mûres, le blé noir est coupé et disposé en petites bottes que l'on laisse sécher au grand air pendant trois ou quatre jours ; puis on le rentre pour le battre immédiatement.

A quoi utilise-t-on le blé noir ?

C'est une des bases de l'engraissement des porcs et des volailles.

On l'emploie aussi pour la confection d'un genre de crêpes qui jouent un rôle très-important dans l'alimentation du cultivateur limousin.

Quel usage fait-on de l'orge ?

On l'utilise pour les fabrications de l'eau-de-vie, de la bière et même du pain ; elle est aussi très-propre à l'engraissement des volailles et des bêtes de boucherie.

En existe-t-il plusieurs espèces ?

Deux, qui comprennent chacune plusieurs variétés.

Les orges nues, dont le grain est libre comme celui du seigle, et les orges dont la balle, comme celle de l'avoine, adhère au grain. Ces dernières sont les plus répandues et les plus estimées.

Citez les principales variétés ?

L'orge de Tamto, l'orge Chevalier, l'orge Éventail, l'orge Carrée.

Le rendement de l'orge, quel est-il ?

De 20 à 25 hectolitres à l'hectare ; sa semence demande à être chaulée comme celle du froment.

CHAPITRE VI.

DE L'AVOINE.

Est-ce une céréale bien utile que l'avoine ?

Certainement, car elle donne aux chevaux et aux mulets le nerf et la vigueur nécessaires pour supporter les travaux qu'ils sont appelés à exécuter.

Ne sert-elle pas à autre chose ?

Elle est employée accidentellement pour ranimer l'ardeur des taureaux et des béliers aux époques de la monte.

Sa culture est-elle aussi dispendieuse que celle du froment ?

L'avoine n'exige pas comme les autres céréales des labours profonds, des hersages énergiques, elle prospère dans les terres siliceuses les plus légères, et sous les climats les plus rigoureux.

Dans les pays de grandes cultures elle est souvent cultivée sans fumure à la fin de la rotation des assolements, et donne toutefois un rendement passable ; aussi peut-on la considérer à bon droit comme la plus rustique des céréales.

Faut-il fumer fortement les avoines ?

Non, car elles versent facilement; aussi préfère-t-on remplacer la fumure par le pralinage des grains.

150 kilog. de guano par hectare suffisent largement pour cette opération, et assurent le cultivateur d'une bonne récolte.

A quel moment sème-t-on l'avoine ?

En automne ou au commencement de mars, dès que la saison le permet, afin qu'elle ait le temps de taller, et de couvrir la terre avant l'époque des sécheresses, qu'elle redoute particulièrement.

Quand moissonne-t-on l'avoine ?

Huit ou dix jours avant sa maturité, car elle achève fort bien de mûrir sur le sol.

Cette méthode permet de faucher l'avoine sans perdre un seul grain, et de réaliser de la sorte une économie notable de temps et de dépenses.

Est-elle uniquement cultivée comme céréale ?

On s'en sert souvent pour abriter les ensemencements de prairies, de luzerne, de trèfle, de sainfoin.

On a soin de choisir dans ce cas une variété très-précoce, afin de laisser à ces plantes, entre le moment de la moisson jusqu'à l'apparition des froids, le temps d'amasser la force nécessaire pour résister à l'hiver.

Quelle est la meilleure avoine ?

Celle faite en hiver, car son rendement est habituellement supérieur aux avoines de printemps.

Quelles sont les principales espèces d'avoine ?

Les espèces noires qui comprennent les variétés de
Brie, de Beauce, de Hongrie, et les espèces blanches
dont les variétés les plus connues sont celles de Flandre,
de Géorgie, d'Ecosse.

Connaissez-vous le rendement de l'avoine ?

De 20 à 25 sacs ; avec une culture intensive ou après
un défrichement de prairie, il n'est pas rare d'obtenir
jusqu'à 60 sacs par hectare.

N'emploie-t-on pas l'avoine en herbe comme fourrage ?

C'est une nourriture dont les animaux sont très-
friands, surtout lorsqu'elle n'a été coupée qu'au moment
de la formation de l'épi.

CHAPITRE VII

MAÏS POUR GRAINE.

*La culture du maïs pour graine est-elle la même que celle
du maïs fourrage ?*

Elle en diffère essentiellement.

*De quelle manière sème-t-on le maïs dont on veut récolter la
graine ?*

La terre étant bien ameublie et disposée soit en
planches, soit en sillons ordinaires, on plante les graines
de maïs en ligne à la profondeur de 4 à 5 centimètres,
et à la distance de 50 à 60 centimètres.

Le maïs levé nécessite-t-il quelques soins ?

Il est bon de le butter une première fois lorsqu'il a atteint une vingtaine de centimètres de hauteur, et une deuxième fois quinze à vingt jours plus tard.

Quels sont les phénomènes de la végétation du maïs ?

Le maïs étant arrivé à une certaine grandeur, les fleurs mâles apparaissent, puis, peu après, les fleurs femelles, facilement reconnaissables aux longs filaments qui les terminent.

La fécondation commence alors à s'opérer.

A quel signe reconnaissez-vous que la fécondation est terminée ?

Lorsque les panicules des fleurs mâles sont défleuries et que les houppes soyeuses des épis commencent à se faner.

Que fait-on des panicules ?

On les coupe sitôt après leur défleuraison, immédiatement au-dessus de l'épi le plus haut placé sur la tige.

Et ensuite ?

Après avoir laissé seulement sur chaque pied les deux plus vigoureux épis, on détache avec soin les feuilles ainsi que les jets en balles poussés le long de la tige.

Utilise-t-on ce qu'on recueille dans cette opération ?

On le donne comme nourriture au bétail, qui le mange assez volontiers, surtout lorsqu'on a pris le soin de le passer auparavant dans un hache-paille.

A quel signe reconnaissez-vous la maturité de l'épi ?

La couleur du grain et principalement sa résistance au toucher, sont les principaux indices de cette maturité.

Vers quelle époque a lieu la maturité du maïs ?

Habituellement vers le milieu d'octobre.

Comment se fait la récolte du maïs ?

Le cultivateur arrache l'épi de la tige qui est à son tour utilisée comme nourriture du bétail ou comme combustible, selon son état plus ou moins grand de dessiccation.

Que faites-vous de l'épi ?

L'épi est rentré dans les granges et soigneusement débarrassé des spathes qui l'entourent.

Ce travail, qui est le passe-temps des veillées, peut être effectué par les plus jeunes enfants, et demande à être fait dans les vingt-quatre heures qui suivent la cueillette car la moisissure ne tarderait pas à se déclarer.

Les épis sont ensuite placés dans un endroit sec où le grain achève de prendre sa consistance.

De quelle manière s'effectue l'égrenage ?

Quelquefois au moyen d'instruments faits exprès, et appelés égrenoirs, mais le plus souvent à la main au moyen d'un dard de vieille faulx.

Quelle est la quantité à semer par hectare ?

De 15 à 20 kilos.

La culture du maïs est-elle très-développée ?

On en cultive de grandes quantités, surtout dans le Midi de la France, où la culture de cette céréale est poussée à son plus haut degré de perfection.

A quel usage destine-t-on ce maïs ?

Cette céréale, très-riche en principe féculant, est employée pour la nourriture de l'homme, comme on le voit généralement dans le Midi.

Elle sert aussi pour l'engraissement de la volaille et remplace avantageusement l'avoine dans l'entretien des chevaux de trait; enfin elle commence à être recherchée par les distillateurs pour la fabrication des alcools.

Les espèces qui fournissent les semences du maïs-fourrage sont-elles les mêmes que celles réservées à ces usages ?

Ce ne sont point ordinairement les mêmes, car, pour les besoins de la consommation et de l'industrie, au lieu de rechercher le développement de la partie herbacée, on ne considère que l'abondance du grain, sa précocité et sa richesse en éléments sucrés.

Quelles sont les espèces les plus communément recommandées ?

Chaque contrée a les siennes, cependant on cultive assez généralement le quarantin, le jaune d'Auxonne, le maïs poulet, etc.

Donnez-nous une idée du rendement d'un hectare ?

Un hectare de maïs bien soigné peut donner de 40 à 50 hectolitres. Ce rendement a même atteint le nombre de 80 dans certaines contrées du Midi.

NEUVIÈME PARTIE

DES ANIMAUX DE LA FERME. — RACES CHE-VALINE, BOVINE, OVINE ET PORCINE

CHAPITRE I

DU RÔLE DES ANIMAUX EN AGRICULTURE.

Quel est le rôle des animaux dans l'agriculture ?

Ils servent à transformer des aliments difficiles à transporter et qui n'auraient pas d'emploi, en une matière appropriée aux besoins des hommes et facilement réalisable, telle que la viande.

A entretenir la fertilité du sol en fournissant le fumier qui restitue à la terre les principes nutritifs enlevés par les récoltes de céréales, et souvent aussi ils aident le cultivateur dans ses travaux par la force qu'ils mettent à son service, soit pour remuer la terre, soit pour en transporter les produits.

N'existe-t-il pas des caractères généraux communs à toutes es espèces qui se retrouvent chez tous les sujets de bonne con-formation ?

Un animal bien conformé doit avoir une tête légère, portant un œil vif et des naseaux bien ouverts.

Un dos droit et large qui caractérise la force des reins.

Une poitrine très-ouverte et profonde, indice du

développement des organes de la respiration et de la circulation.

Un corps cylindrique donnant beaucoup de place aux organes de la digestion.

Des jambes courtes, les articulations sèches, preuve de solidité.

Une peau mince et souple, indice de l'aptitude à l'engraissement, qui est le dernier terme de l'utilisation des animaux.

Quelles sont les espèces qui satisfont à ces trois conditions ?
Ce sont l'espèce bovine et l'espèce chevaline.

La première est seule employée par l'agriculture limousine.

Nommez les autres ?
L'espèce ovine et l'espèce porcine.

Quelles sont les qualités les plus essentielles dans le bétail ?
La précocité ou rapidité de la croissance et l'aptitude à bien utiliser la nourriture dans le sens du résultat qu'on veut obtenir.

Expliquez votre pensée par quelques détails ?
Je veux dire que le cultivateur pouvant se donner pour but soit de produire de la viande, soit de vendre du lait ou des fromages, soit d'obtenir des laines plus ou moins belles, doit choisir dans chaque catégorie les sujets les plus appropriés à la spéculation qu'il poursuit.

CHAPITRE II

ESPÈCE CHEVALINE.

Quel est le rôle du cheval en agriculture ?
Le cheval est utilisé en agriculture comme bête de travail et comme animal de rente.

Les pays de grande culture l'emploient pour exécuter leurs labours et leurs transports.

Les pays riches en pâturages succulents spéculent sur la production et.l'élève des poulains.

Y a-t-il plusieurs races de chevaux ?

Oui. La France possède plusieurs races.

Les unes, très-fortes, destinées à faire des animaux de charrette. Les autres, plus légères, réservées pour les attelages de voiture ; d'autres, enfin, plus fières, qui servent à la selle. Autrefois le Limousin en produisait une qui était très-estimée pour ce dernier usage.

Pourquoi a-t-on abandonné en Limousin l'élève du cheval ?

Par diverses causes, en tête desquelles il faut placer l'augmentation continue du prix de la viande, qui a rendu l'élève du bétail plus productive que dans le passé.

CHAPITRE III

ESPÈCE BOVINE.

Existe-t-il plusieurs races différentes dans l'espèce bovine ?

Oui, chaque pays, et en quelque sorte chaque région, possède une race plus particulièrement appropriée à son climat, à ses besoins et aux productions de son sol.

Par quels caractères ces races se distinguent-elles les unes des autres ?

Par la couleur de leur pelage, la direction de leurs cornes, et par la différence de leur taille, de leur conformation et de leurs aptitudes.

Les races des contrées montagneuses et granitiques

Fig. 5. — Type parfait de la vache.

sont en général plus petites, elles ont l'ossature plus légère et la cornure plus relevée que celles des pays forts et calcaires.

Les races très-laitières habitent ordinairement les régions pourvues de gras pâturages.

Quels sont les signes spéciaux qui caractérisent la race limousine ?

La race limousine a — une taille moyenne, — un pelage froment rouge de nuance uniforme sur tout le corps, excepté autour de l'œil et du mufle, où il prend une teinte plus claire, — sa peau est souple, — sa cornure bien ouverte et remontante — la bouche et les narines sont roses, — l'attache de sa queue un peu saillante sur la ligne des reins ; — elle est courageuse au travail, d'un engraissement facile, mais peu laitière.

Fig. 6. — Tête de Taureau Limousin d'après Sanson.

Fig. 7. — Tête de la vache Limousine d'après Sanson.

La spéculation la plus habituelle en Limousin, celle qui s'y exécute le mieux par le métayer et qui jusqu'ici a semblé la plus profitable est l'élevage.

Les fermes sont peuplées de vaches qui jouent le double rôle de bêtes de production et de travail.

Comment reconnaît-on l'âge des bêtes à corne ?

Par l'inspection de la bouche et le nombre des secondes dents qui ont remplacé les dents de lait.

Cette indication est-elle précise ?

Elle n'est qu'approximative, car la pousse des dents est souvent très-hâtive chez les animaux précoces ; mais elle suffit aux besoins du commerce.

Énoncez les règles qu'elle pose ?

La possession de deux dents d'adulte fait présumer l'âge de deux ans ; celle de quatre dents d'adulte indique l'âge de trois ans ; six dents d'adulte correspondent à l'âge de quatre ans ; et huit dents d'adulte à l'âge de cinq ans.

Après cette période la bête ne marque plus et ne trahit son âge que par la longueur de ses cornes et par les caractères physiques de la vieillesse.

Quelle est la durée de la vie des bêtes à cornes ?

Cette durée n'est pas bien connue puisqu'on ne laisse jamais le bétail mourir de vieillesse. On cite des vaches qui, à vingt ans, étaient encore en bon état, mais on garde rarement le bœuf au-delà de l'âge de six ans, qui est le terme de sa croissance.

Les vaches, suivant leurs qualités, sont ordinairement conservées jusqu'à l'âge de dix à douze ans.

A quel âge utilise-t-on l'espèce bovine pour le travail ?

Vers l'âge de deux ans et demi à trois ans, en ayant soin, au début, de ménager les forces de l'animal.

Les vaches donnent-elles la même somme de travail que les bœufs ?

Les vaches, ayant moins de force que les bœufs et ne pouvant être prudemment attelées dans les semaines qui précèdent et qui suivent la mise bas, on considère leur travail comme équivalent à la moitié seulement de celui des bœufs.

L'emploi des vaches, comme moyen de travail, n'a-t-il pas d'autres inconvénients relatifs ?

Oui, il occasionne d'assez grandes pertes de temps,

parce que les vaches qui élèvent doivent être ramenées à l'étable aux heures de repas pour faire teter les veaux.

Dans quelles conditions peut-on donc utiliser le travail des vaches avec profit?

Dans les terrains très-légers, d'un labour facile, et sur les métairies de petite contenance, comme celles du Limousin, dans lesquelles les champs sont groupés à proximité de l'étable.

Quel est le meilleur moyen d'atteler les bêtes à cornes?

Dans quelques pays on se sert de harnais, avec ou sans collier, analogues à ceux qu'on emploie pour les chevaux, mais ce genre d'attache est coûteux à acheter et à entretenir.

Les agriculteurs limousins leur préfèrent le joug.

Qu'est-ce que le joug?

Une pièce de bois convenablement contournée, que l'on fixe sur la tête de la vache ou du bœuf au moyen de courroies liées sur la cornure et à laquelle on attache par une broche l'instrument ou la charrette que l'on veut traîner.

On fait des jougs pour une bête isolée, mais presque toujours l'espèce bovine est attelée par paire.

Quels sont les inconvénients et les avantages du joug?

Il cause, aux animaux liés ensemble, une gêne qui neutralise une partie de leur force; mais il est léger, d'une construction facile, il coûte peu, il ne demande pas d'entretien, enfin il préserve les bouviers des coups de corne que les vaches, piquées par une mouche, pourraient donner en retournant la tête brusquement.

A quel âge peut-on utiliser la vache comme animal de reproduction?

A dix-huit mois. La vache portant neuf mois donne ainsi son premier produit vers l'âge de vingt-sept mois.

8

La vache pleine réclame-t-elle des soins particuliers ?

Elle demande à être traitée avec douceur, bien nourrie, et ménagée surtout dans les semaines qui précèdent
la mise bas ; un coup maladroit, un effort trop brusque,
un acte de brutalité d'un bouvier amènent souvent
l'avortement et font perdre le revenu d'une année.

Comment a lieu l'élevage des veaux ?

Dans les pays qui se livrent à la fabrication des
beurres et des fromages, on sépare le veau de sa mère
immédiatement après sa naissance et on ne lui fait
boire que du lait écrémé et des aliments cuits.

En Limousin, le lait n'est pas assez gras ni assez
abondant pour permettre cette spéculation, et on laisse
le jeune animal teter directement sa mère.

A quel moment a lieu le sevrage ?

Vers l'âge de six mois et quelquefois plus tard. Mais
dès que le veau prend de la force, le lait de sa mère ne
suffit plus à son alimentation et doit être complété par
du son, des racines et des fourrages tendres comme le
regain.

Ce supplément est d'autant plus nécessaire que la
vache a moins de lait.

*La qualité lactifère se trahit-elle chez les vaches par des
signes extérieurs biens certains ?*

On a remarqué que les bonnes laitières avaient ordinairement une peau souple et bien détachée, le poil fin,
les veines partant du ventre pour aboutir au pis,
grosses et ondulées ; qu'elles portaient enfin, au-dessus
de la culotte, une sorte d'écusson plus ou moins étendu,
formé par des poils clairs poussés à rebours. Mais ce ne
sont là que des présomptions.

Quelle destination reçoivent les produits de l'élevage ?

Les velles servent à remplacer les mères devenues
vieilles, stériles ou livrées à la boucherie.

Les veaux, s'ils ne sont pas gardés comme reproducteurs, sont vendus à l'âge de huit à dix mois aux agriculteurs des contrées en terre forte, pour faire des bœufs de labour ou d'engrais.

Quel est le rôle du taureau dans l'exploitation agricole ?

Le taureau sert presque exclusivement à la reproduction.

Quelques cultivateurs ont pourtant essayé de l'atteler, car l'inaction nuit à sa fécondité et sa grande force serait souvent fort utile, mais la crainte des accidents empêche cet exemple d'être suivi.

Comment maîtrise-t-on les taureaux difficiles ?

En leur passant un anneau dans la membrane ou cloison du nez qui sépare les narines.

Quand cet anneau a été posé avant le moment où le taureau devient adulte et sent sa force, il rend presque toujours l'animal docile et facile à conduire.

A quel âge les taureaux sont-ils les plus aptes à donner de beaux produits ?

On a reconnu que les meilleurs produits étaient presque toujours obtenus avec de jeunes veaux.

On emploie donc les taureaux depuis l'âge de quatorze à quinze mois jusqu'à l'âge de quatre ans.

Que fait-on des taureaux que l'on réforme ?

On les engraisse comme les bœufs et on les vend à la boucherie.

Quel est le nombre des vaches que peut servir un taureau ?

Un taureau bien nourri suffit aisément au service de 150 vaches dans une année.

CHAPITRE IV

ESPÈCE OVINE.

Quel est le rôle du mouton en agriculture ?

Le mouton peut donner à l'agriculture trois sortes de

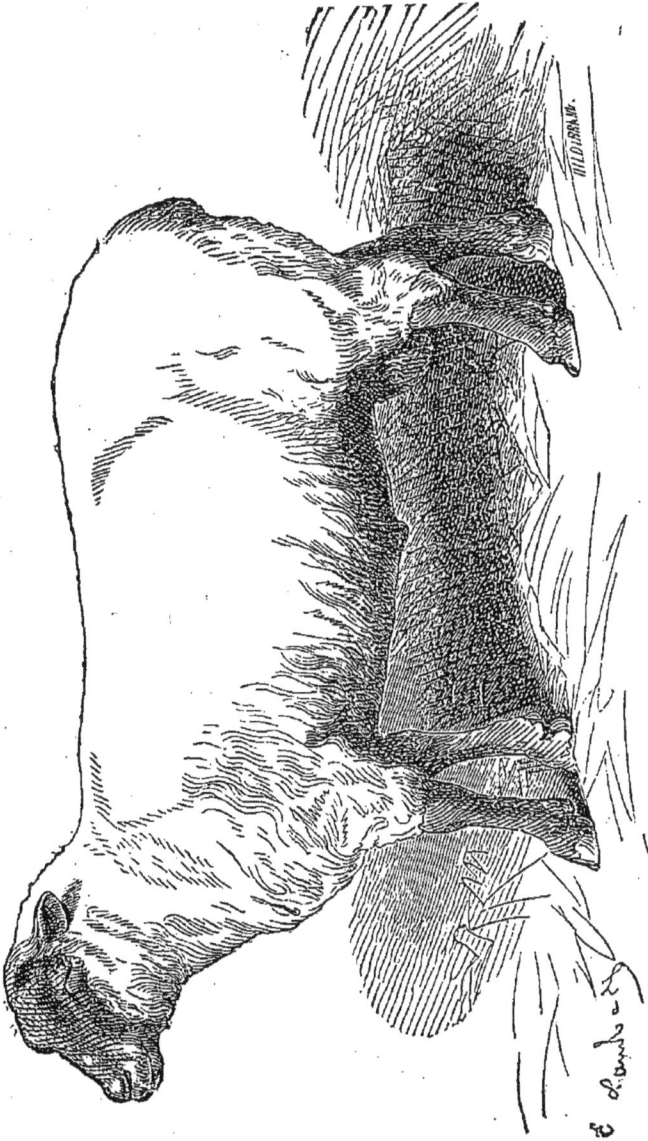

Fig. . — Bélier tondu.

p

roduits : de la laine, employée pour faire des vête-
ments ; du lait, qui sert à la fabrication des fromages,
de la viande de boucherie fort estimée.

Existe-t-il dans l'espèce ovine, comme dans l'espèce bovine, des races distinctes douées d'aptitudes différentes ?

Oui, chaque région possède sa race spéciale, facile à distinguer par sa taille, sa laine, sa couleur, sa construction générale et ses qualités plus ou moins laitières.

Quels sont les caractères généraux d'une bonne conformation dans l'espèce ovine ?

La rectitude et la largeur des reins, le développement de la poitrine, la finesse des membres, la légèreté de la tête, l'ampleur de la culotte dénotent un animal bien conformé pour l'élevage et pour l'engraissement.

Et les caractères spéciaux de la race limousine, quels sont-ils ?

La race limousine est de petite taille, couverte d'une laine commune. Elle a les os fins et s'engraisse facilement. Sa chair est d'une grande délicatesse de goût.

On doit regretter de la voir si négligée et si mal nourrie dans la plupart des fermes.

Fig. 9. — Tête de la brebis Limousine d'après Sanson.

Tire-t-on un parti industriel de son lait ?

Non ; le lait des brebis sert uniquement à nourrir les jeunes agneaux.

8.

A quel âge la brebis commence-t-elle à produire des suites ?

À l'âge de dix-huit mois. Elle porte cinq mois et donne naissance à un et quelquefois à deux agneaux.

A quel moment doit-elle être réformée ?

Au plus tard quand elle atteint l'âge de huit à dix ans.

Comment reconnaît-on l'âge des animaux de l'espèce ovine ?

Par les dents qui se renouvellent deux par deux à partir de deux ans, comme cela a lieu dans l'espèce bovine.

A quel âge peut-on en obtenir de la laine ?

On commence d'ordinaire la tonte des bêtes à laine à l'âge d'un an. On attend pour exécuter cette opération l'arrivée de la saison chaude : avril, mai ou juin, suivant le climat.

Quel est le poids d'une toison ?

Ce poids varie d'un à six kilos suivant la race et la taille de l'animal, suivant aussi l'abondance et la qualité de l'alimentation qu'il a reçue.

Le mouton est-il plus facile à nourrir que le bœuf ?

La forme de ses lèvres et de ses dents lui permet de brouter les herbes les plus courtes ; il trouve sa subsistance sur des coteaux brûlés par le soleil, des champs en jachère, des bruyères et des landes, qui ne pourraient pas nourrir les bêtes à corne.

Il peut aussi manger des feuilles vertes ou sèches du frêne, de l'orme, du cerisier, etc.

Mais il ne supporte pas le dépaissage des fonds marécageux, qui lui devient promptement mortel.

Quel est donc le système de culture qui tire le meilleur parti de l'espèce ovine ?

C'est celui de la grande culture, qui a toujours de vastes surfaces disponibles pour le parcours des troupeaux.

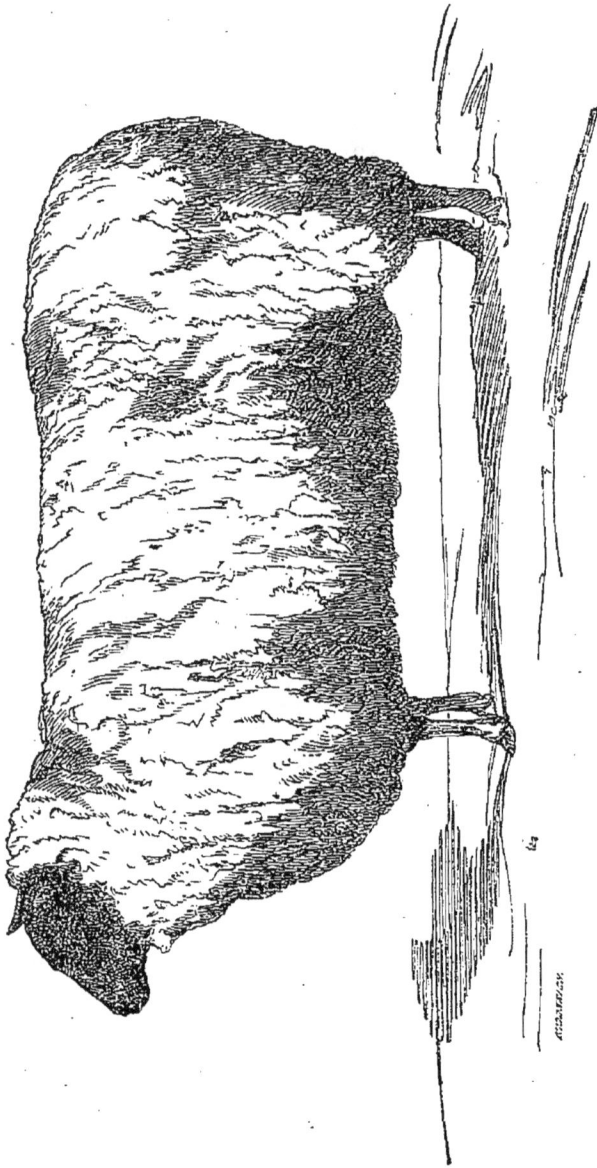

Fig. 10. — Brebis avec sa laine.

N'a-t-on pas importé de l'étranger des races aujourd'hui acclimatées en France et qui sont remarquables par la qualité de leur laine ou par leur précocité ?

Oui ; l'Espagne a fourni la race mérinos dont les toisons ont une grande valeur, mais dont la chair est peu estimée, et l'on a tiré d'Angleterre des moutons remarquables par la rapidité de leur croissance et par leur aptitude à l'engraissement.

Ces derniers, croisés avec la race limousine, donnent d'excellents résultats.

CHAPITRE V

ESPÈCE PORCINE.

Quel est le rôle du porc en agriculture ?

Le porc est le plus précieux des animaux de rente.

Énumérez ses qualités comme bête d'élevage ?

Comme bête d'élevage, il est d'une précocité et d'une fécondité exceptionnelles. Il commence à produire beaucoup plus tôt que les autres espèces de bétail ; chaque portée comprend plusieurs petits, et il donne deux portées par an.

Il se nourrit de tout, des fruits des arbres forestiers tels que le gland, la châtaigne, la faîne, de l'herbe des pâturages, des légumes, des racines, du grain, de la chair crue.

Quelles sont ses qualités comme bête de boucherie ?

Comme bête de boucherie il acquiert sa croissance complète et s'engraisse plus vite que les bœufs et les moutons.

Il donne aussi beaucoup moins de déchets que ces derniers, car toutes ses parties, sang, graisse, chair, tête et pieds servent à la nourriture de l'homme.

L'espèce porcine comprend-elle un grand nombre de races locales ?

Oui ; on en compte en France plus de vingt-six.

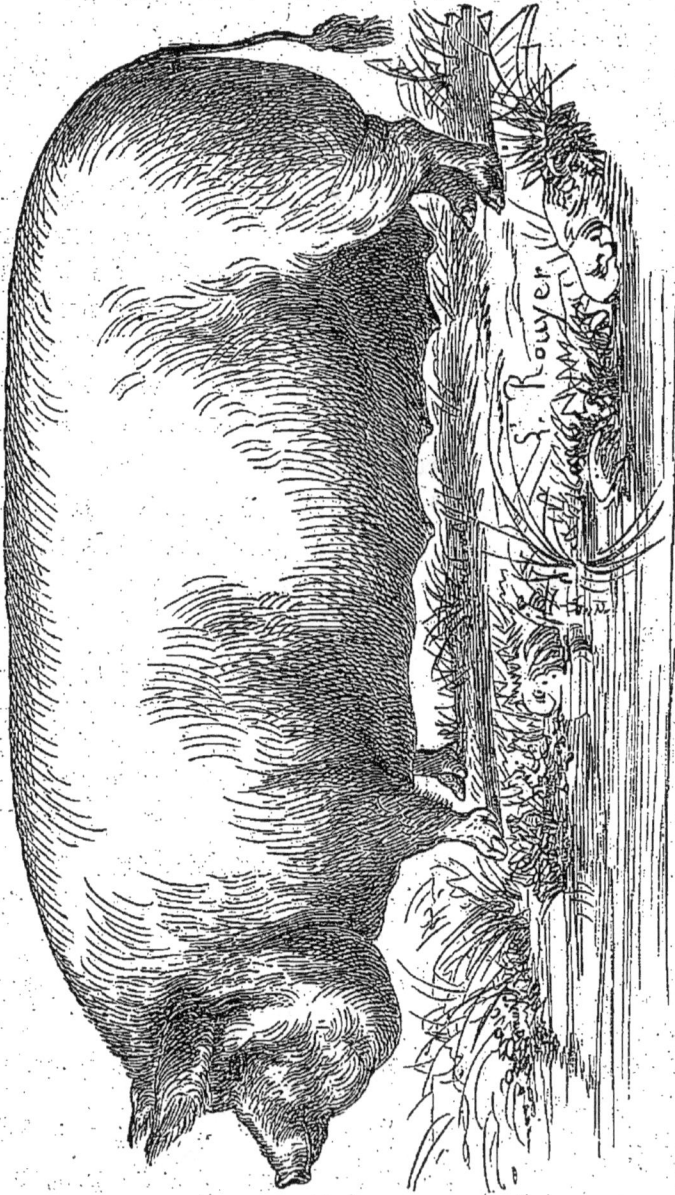

Fig. 11. — Truie de la race anglaise.

La race limousine de Saint-Yrieix est certainement une des plus remarquables et des plus parfaites.

Les règles générales de conformation indiquées pour le bœuf et le mouton sont-elles applicables au porc ?

Elles s'appliquent au porc en ce sens qu'il faut chercher à s'en rapprocher autant que possible.

Dans quelles circonstances est-on obligé de s'en écarter ?

Quand le système d'éducation des porcs ou l'éloignement des lieux de vente oblige l'éleveur à rechercher des animaux capables de faire sans fatigue de longs trajets ; aussi, les fermiers qui élèvent le porc sur des parcours de bruyères, de terrains vagues, ou de forêts, ceux qui sont séparés des marchés et des gares de chemins de fer par de grandes distances ont-ils besoin de races marcheuses.

A quelle catégorie appartiennent les races françaises ?

Elles appartiennent à la catégorie des races marcheuses, membrées et hautes sur jambes.

Comment peut-on les améliorer ?

Par la nourriture et la sélection, mais on préfère généralement, quand on veut posséder une race perfectionnée, prendre une des races anglaises qui sont aujourd'hui très-répandues le long de nos lignes de chemin de fer.

A quel âge utilise-t-on la truie pour la reproduction ?

A l'âge de huit à dix mois. Elle porte de cent douze à cent seize jours, et donne jusqu'à quatorze petits.

Peut-on sans inconvénients laisser à la mère une portée aussi nombreuse ?

La truie n'ayant que douze tétines ne peut nourrir plus de douze petits.

Ce nombre de douze serait encore excessif si la mère était dans la période de croissance, et n'avait pas une grande abondance de lait.

Que fait-on alors, si l'on veut conserver toute la portée ?

Il convient de nourrir fortement la mère et de donner

dès les premiers jours, aux jeunes gorets, un supplément d'alimentation composé de lait chaud et de farines bouillies.

Ne recommande-t-on pas de surveiller les truies au moment où elles mettent bas ?

On recommande, en effet, d'enlever les petits à mesure qu'ils naissent, pour éviter que leur mère ne les écrase dans ses mouvements ou même ne les dévore, ce qui arrive quelquefois.

Quelle précaution doit-on prendre quand on fait teter les gorets pour la première fois ?

Il convient de placer les porcelets les plus faibles sur les plus grosses mamelles. Chaque goret conservant toujours sa même place, on obtient ainsi des portées plus égales.

Quelle est la durée de l'allaitement ?

On laisse ordinairement les gorets teter leur mère pendant trois mois ; mais il faut leur donner à manger dès qu'on s'aperçoit que le lait de la truie ne leur suffit plus.

Peut-on obtenir plusieurs portées dans une année ?

Oui ; les truies peuvent donner jusqu'à trois portées, mais le cultivateur qui ne veut pas épuiser ses animaux, ne leur demande jamais plus de deux portées.

A quel âge commence-t-on l'engraissement des porcs ?

A l'âge de douze à quinze mois dans les races précoces.

Quelle est la durée d'un engraissement ordinaire ?
Il dure de trois à quatre mois.

Quel est le poids brut d'un porc engraissé ?

Les porcs gras adultes de 250 kilog. ne sont pas rares ; quelques spécimens exceptionnels des grandes races ont atteint le poids de 360 kilog.

Ce poids est-il complétement utilisé pour l'alimentation ?

On a reconnu que le déchet dans un porc gras de race perfectionnée ne dépasse pas 15 à 18 kilog.

DIXIÈME PARTIE

ENTRETIEN DU BÉTAIL, ENGRAISSEMENT, AMÉLIORATION DES RACES, MALADIES.

CHAPITRE PREMIER

HYGIÈNE DU BÉTAIL

N'existe-t-il pas des règles hygiéniques applicables au gouvernement de tous les animaux de la ferme ?

L'élevage des animaux s'applique à de jeunes sujets en période de formation, par conséquent encore délicats, sur le développement, la santé et le caractère desquels une bonne ou mauvaise direction a la plus grande influence.

Quelle est la première des règles à observer dans les soins donnés au bétail ?

C'est la douceur et la patience ; avec ces deux vertus, il n'y a guère de bête difficile ou ombrageuse que l'on n'arrive à assouplir. La colère et la violence rendent le bétail sauvage et lui occasionnent souvent des accidents.

Il ne faut donc pas frapper les bêtes qui ne veulent pas obéir ?

Non, il ne faut jamais les rudoyer, d'abord parce que nous devons aimer les animaux qui partagent nos fatigues et nous rendent tant de services.— Ensuite parce qu'un coup de bâton malheureux peut amener l'avor-

9

tement d'une vache, l'écornure d'un jeune veau ou une foule d'autres accidents dont le possesseur des animaux est la première victime.

Qu'entendez-vous par cette dernière observation ?

Je veux dire que toute souffrance infligée à un animal tend à diminuer ses forces et à le faire maigrir, en sorte que le fermier qui frappe son bétail se montre aussi inintelligent de ses intérêts que celui qui brûlerait une partie de son foin.

Quelles sont, avec la douceur de traitement, les règles hygiéniques les plus essentielles à observer ?

Ce sont la propreté dans la tenue du bétail et les soins de l'alimentation.

Sur quoi doit porter la propreté ?

Sur le corps de l'animal d'abord, sur les crèches où séjourne sa nourriture et sur le lieu dans lequel il couche. Ainsi, pour conserver des animaux en bonne santé, il faut étriller les bêtes à cornes, surtout dans la saison où elles restent à l'étable, laver les truies et les porcs pour leur maintenir la peau toujours nette, enfin il faut renouveler ou rafraîchir les litières aussitôt qu'elles sont imbibées de déjections, et que le bétail n'y peut plus trouver un lit parfaitement sec.

Comment a lieu l'alimentation du bétail?

Elle est obtenue, soit en menant les troupeaux au pâturage, soit en distribuant la nourriture à l'étable.

Quelle est la plus économique et la plus hygiénique de ces deux méthodes ?

Pour les bêtes en voie de croissance et pour les animaux de travail, c'est assurément l'alimentation au pâturage et au grand air.

Pourquoi n'est-elle pas toujours préférée ?

Parce que, laissant aller les déjections des animaux dans les pâturages, elle ne prépare pas des approvisionnements de fumier pour les cultures de céréales et autres plantes alimentaires nécessaires à l'homme.

La nourriture du bétail au pâturage exige-t-il des précautions particulières?

Aux époques de grande chaleur, le bétail ne doit pâturer que le matin et le soir, et s'il reste constamment au dehors, il faut avoir dans les prés quelques grands arbres ou quelques abris sous lesquels les animaux trouvent de l'ombre. Dans les saisons de pluie persistante comme le mois de novembre, il convient de donner au bétail qui pâture un supplément de nourriture sèche pour compenser la mauvaise influence de l'herbe trop mouillée.

Tous les herbages conviennent-ils également aux bêtes à laine?

Le mouton ne conserve sa bonne santé que dans les pâturages secs. Les prés humides lui font promptement contracter une maladie mortelle vulgairement nommée la pourriture. On doit donc éviter de le conduire dans les herbages marécageux. Par la même raison il est recommandé de ne pas mener les troupeaux dans les prés quand le gazon est encore couvert de rosée.

Ne fait-on pas souvent pâturer les prairies artificielles?

Oui, on peut promener les troupeaux sur les champs de trèfle ou de luzerne, mais seulement après que les bêtes ont satisfait leur première faim à l'étable ou dans un pacage ordinaire. Il est d'ailleurs toujours prudent de ne pas tenir les bêtes à cornes et les bêtes à laine trop longtemps dans les prairies artificielles si l'on veut éviter les accidents de météorisation.

En est-il de même des porcs?

Les porcs n'ont à redouter ni l'enflure, ni la pourriture. On peut donc les laisser sans inconvénient dans tous les pâturages naturels ou artificiels, humides ou secs.

Peut-on, sans inconvénient, faire passer le bétail de la nourriture sèche à la nourriture verte ?

Il est sage, quand on tient à lui éviter les troubles de santé, de ménager la transition, en alternant ou mélangeant pendant quelques jours la nourriture sèche et la nourriture verte.

Quelles sont les règles applicables au régime de la stabulation ?

Ce sont : la régularité absolue dans les heures des repas, une suffisante abondance dans les aliments distribués et une préparation appropriée aux besoins de chaque âge et de chaque catégorie d'animaux.

Qu'appelez-vous une suffisante abondance ?

Un animal arrivé au terme de sa croissance a besoin, pour s'entretenir, c'est-à-dire pour se maintenir en état de santé, sans engraisser ni maigrir, de manger par jour le trentième de son poids de foin sec de bonne qualité, et de boire le septième de son poids d'eau. Il faut donc, si l'on ne veut laisser dépérir le cheptel, que les bêtes à l'étable reçoivent cette ration ou son équivalent en fourrages verts, en racines ou en paille.

Qu'est-ce donc qu'un équivalent nutritif ?

On désigne sous ce nom les poids des divers produits alimentaires qui peuvent être substitués à la ration de foin dans la nourriture des animaux. Ainsi on a reconnu que pour remplacer un kilogramme de foin sec il fallait donner au bétail 4 kilogrammes de fourrages verts, tels que l'herbe, le trèfle, la luzerne, 3 kilogrammes de betteraves ou de topinambours, 4 kilogrammes de raves.

Cette ration doit-elle être augmentée quand on demande au bétail autre chose que de se maintenir en état ?

Sans aucun doute; le bœuf qui est soumis à de ru

travaux, la vache qui fournit du lait, le mouton à l'engrais, gagneront d'autant plus de force, de lait ou de graisse qu'ils seront plus fortement nourris. Un vieux proverbe prétend que le bétail est comme une armoire, dans laquelle on ne trouve que ce qu'on y a mis.

N'y a-t-il pas un choix à faire entre les diverses substances appropriées à la nutrition du bétail?

On réserve plus spécialement l'avoine pour les chevaux et pour les beaux reproducteurs des espèces bovine, ovine et porcine, les tubercules pour les porcs, les légumes pour les bêtes à l'engrais, les aliments cuits et délayés pour les mères qui nourrissent ou qui sont traites, les fourrages tendres pour les jeunes animaux.

Comment la distribution des aliments doit-elle avoir lieu à l'étable?

Les aliments doivent être distribués par petites portions successives, en attendant, pour donner une nouvelle mesure, que la crèche soit entièrement vidée. On empêche ainsi que les animaux ne mangent gloutonnement et on leur ôte la fantaisie d'effectuer un triage qui gaspillerait une partie de la nourriture mise devant eux.

Cette manière de procéder est surtout indispensable quand la distribution se compose de trèfle ou de luzerne à l'état vert.

Dites-nous pourquoi elle est indispensable?

Parce que le trèfle et la luzerne, mangés gloutonnement par les animaux des espèces bovine et ovine qui en sont très-friands, déterminent des accidents souvent mortels, appelés enflure ou météorisation.

Les feuilles de choux, les topinambours, et même les tiges vertes de maïs peuvent produire les mêmes effets, mais avec une moindre intensité,

Ne prend-on pas, contre ce genre d'accident, d'autre précaution ?

La météorisation est une maladie si redoutable et si rapide dans son action, qu'un grand nombre de fermiers font toujours mélanger avec un peu de foin sec ou de pailles le trèfle et la luzerne qu'ils présentent à leurs animaux. Par ce moyen ils se mettent sûrement à l'abri de l'enflure. Leur exemple est bon à suivre.

Les racines ne demandent-elles pas aussi à être préparées ?

Les betteraves, les raves, les topinambours, donnés en nature, s'arrêtent quelquefois dans le gosier des bœufs et des moutons et déterminent une suffocation qui, si l'on n'y prend garde, peut amener l'enflure et la mort de l'animal. Il est donc prudent de les diviser en petits morceaux avant de les distribuer au bétail.

Le coupage, quand il est fait avec le couteau, prend beaucoup de temps. On l'abrége, dans les étables un peu nombreuses, en employant un instrument très-expéditif, qui porte le nom de coupe-racines, et qui réduit les légumes en tranches minces pour les bêtes à cornes et en morceaux de la grosseur d'une noisette pour les moutons.

Quelles sont les règles hygiéniques applicables aux bêtes d'élève dans la période qui précède le sevrage ?

Le développement des organes ayant lieu dans la période de croissance des animaux, il est très-important de nourrir abondamment les jeunes bêtes, de ne jamais diminuer leur repas en prenant du lait à leur mère, et de suppléer à l'insuffisance du lait dès qu'elle se manifeste, par des aliments tendres ou des farineux.

Peut-on laisser les jeunes veaux teter librement leur mère ?

En Limousin, le veau, attaché ou mis dans un compartiment séparé, n'est présenté à sa mère que trois fois par jour dans le premier mois, et deux fois seulement dans les mois qui suivent, aux heures où la vache revient du travail pour prendre son repas à l'étable.

Le lait des bêtes qui reviennent du travail est-il toujours sain pour les jeunes veaux ?

On a remarqué que les jeunes animaux qui tetaient leur mère au moment où elle rentrait, fatiguée et échauffée, étaient souvent atteints par la diarrhée. On recommande donc dans ce cas de laisser reposer la mère avant de lui amener sa suite.

N'y a-t-il pas des pays dans lesquels on élève les veaux sans les faire teter ?

Oui ; dans les pays qui se livrent à la fabrication des beurres et des fromages, on écrème le lait avant de le faire boire aux jeunes veaux. C'est ce qu'on nomme élever les veaux au baquet. Mais il faut, pour pratiquer avec succès cette méthode, posséder des vaches très-laitières et des pâturages très-gras.

CHAPITRE II

DE L'ENGRAISSEMENT

Qu'est-ce que l'engraissement ?

L'engraissement est le dernier terme de l'utilisation du bétail de la ferme. Il a pour but de mettre les animaux dans la meilleure condition de vente pour la boucherie.

Est-ce une opération profitable ?

Assurément oui, quand elle est judicieusement conduite et qu'elle s'applique à des animaux qui utilisent bien les aliments.

Enoncez-en les avantages ?

L'engraissement bien réussi fait plus que doubler la valeur de l'animal maigre. Il procure en même temps des fumiers très-riches, parce que les bêtes à l'engrais sont toujours fortement nourries.

Comment se caractérise chez les animaux l'aptitude à l'engraissement ?

Par la régularité des formes, la finesse et la souplesse de la peau, le moelleux ou la rareté des poils.

Quel est l'âge le plus convenable pour le commencer ?

Cela dépend du but que l'on poursuit et des conditions dans lesquelles on opère. Les bœufs de travail ne sont guère engraissés avant l'âge de six à huit ans. Les bœufs des races anglaises, uniquement destinés à faire de la viande, sont au contraire mis à l'engrais aussitôt après leur sevrage. De même, pour les moutons et les porcs, on peut hâter plus ou moins leur mise à l'engrais, suivant que l'on dispose de ressources nutritives plus ou moins grandes et que l'on possède une race plus ou moins précoce.

Quels sont les aliments les plus appropriés à l'engraissement ?

Ce sont, avec les bons fourrages, les racines, les tubercules, le son et les tourteaux de noix, de colza et de lin.

Quelle est la durée ordinaire de l'engraissement ?

L'engraissement d'un animal adulte en chair, c'est-à-dire qui n'est ni trop gras ni trop maigre, demande trois mois. Pour obtenir le *fin-gras,* il faut trois mois de plus, mais on a rarement du profit à pousser les animaux jusque-là.

Que doit gagner de poids par jour le bœuf à l'engrais ?

S'il est de bonne qualité, il doit augmenter au moins d'un kilogramme chaque jour.

Comment peut-on apprécier le rendement en viande nette d'un animal sur pied ?

Le rendement en viande nette est égal à 50 0/0 du

poids vif, quand la bête est en bon état de chair, il
s'élève à 55 ou 60 0/0 quand la bête est grasse, et peut
atteindre 65 0/0 si elle arrive au fin-gras.

CHAPITRE III

AMÉLIORATION DES RACES

Qu'entend-on par améliorer une race ?

C'est développer les qualités utiles qu'elle possède ou
lui donner quelques-unes de celles qui lui manquent;
ainsi, pour les animaux de trait comme les chevaux,
c'est augmenter leur force, leur agilité, leur résistance
à la fatigue. Pour les animaux d'élevage et de boucherie, c'est accélérer leur croissance, c'est donner de
l'ampleur aux parties de leur corps qui sont le plus
estimées par les consommateurs et diminuer celles qui,
comme les os, représentent un poids inutile; c'est enfin
accroître leur disposition à l'engraissement rapide.
Chez les vaches et les brebis laitières, c'est développer
la production du lait; chez certaines races de moutons,
c'est améliorer la qualité de la laine.

Comment les races d'animaux peuvent-elles être améliorées ?

Par la nourriture et les soins dans l'enfance; par le
choix des reproducteurs et plus particulièrement des
mâles ou étalons.

*Quel est l'effet de la nourriture dans la période de crois-
sance ?*

Elle donne plus de ressort aux muscles, plus de force,
plus d'activité, plus de développement aux organes de
la digestion qui deviennent plus propres à bien utiliser
les aliments; elle augmente la taille et améliore les
formes.

9.

Quelle est l'influence exercée par les reproducteurs ?

· Les étalons reproducteurs transmettent à leurs suites leurs qualités et leurs défauts de conformation. Il est donc bien essentiel de les choisir aussi réguliers que possible.

. Ne faut-il pas plusieurs générations pour obtenir tous les effets de la sélection ?

Oui, ce n'est qu'après un laps de temps assez considérable, que l'on arrive à corriger les défauts d'une race.

Ne serait-il pas plus simple alors de remplacer les races du pays par des races déjà perfectionnées ?

On le fait pour le porc et le mouton, mais les races sorties de leur pays, perdent bien vite leurs qualités si on ne leur donne une nourriture semblable à celle qu'elles recevaient chez elles. D'ailleurs, ces races perfectionnées sont plus délicates que les races acclimatées.

Ne peut-on améliorer les races par croisement ?

Ce moyen est très-employé pour obtenir des animaux plus précoces et susceptibles d'un engraissement plus rapide. On choisit alors un père appartenant à une race perfectionnée, on le croise avec une femelle de la race du pays. Les premiers produits ainsi obtenus sont toujours très-notablement améliorés.

En répétant un grand nombre de fois ce croisement sur les générations successives, ne finirait-on pas par obtenir une race améliorée ?

Oui, à condition de donner aux animaux ainsi obtenus une excellente nourriture et de reprendre de temps à autre des étalons reproducteurs dans le pays où la race perfectionnée est acclimatée.

Serait-il avantageux, en Limousin, de changer la race des

*bêtes à cornes, soit par croisement, soit en introduisant une
race nouvelle ?*

Nous trouverions difficilement une race qui pût remplacer celle que nous possédons. Elle est peu exigeante
pour sa nourriture, capable de supporter la fatigue et
de donner beaucoup de travail. Elle est d'un engraissement facile et elle a l'ossature tellement légère que
quand elle est arrivée au fin-gras, elle donne un rendement de 63 0/0 en viande nette.

Notre intérêt est donc de l'améliorer, mais non pas de
la changer.

CHAPITRE IV.

DES MALADIES.

*Les animaux ne sont-ils pas exposés comme les hommes à
de nombreuses maladies.*

Bien que plus robustes que l'homme, les animaux
sont en effet exposés à diverses indispositions et à de
nombreuses maladies.

Quelles sont les plus fréquentes.

Chez les bêtes à cornes ce sont la diarrhée, l'étrangle-
ment du gosier, l'enflure ou météorisation, la cocotte;
chez les bêtes à laine, ce sont la pourriture, le sang de
rate, le piétin, la gale.

*Par quels signes extérieurs se trahit ordinairement la souf-
france chez les animaux.*

Par la physionomie abattue de l'animal, son indiffé-
rence pour les aliments qu'il recherche le plus en état
de santé, la raideur de ses membres, la sécheresse de
son poil, l'humidité des yeux et du naseau, le bour-
soufflement des paupières.

Connait-on les causes déterminantes des maladies.

On ne peut indiquer d'une manière générale que les refroidissements, le manque de soins de la part des vachers ou des bergers, la mauvaise qualité des eaux et des fourrages donnés pour nourriture et chez les bêtes à corne l'excès de travail.

Que doit donc faire le cultivateur pour tenir ses bêtes en bon état de santé?

Il ne doit négliger aucun des soins journaliers qui joints à un bon régime placent les animaux dans les meilleures conditions hygiéniques.

Quelles sont les premières précautions à prendre quand on s'aperçoit qu'un animal est malade.

Il faut immédiatement l'isoler des autres animaux et le tenir bien chaudement dans un local ou rien ne trouble son repos.

Si malgré les premiers soins, la maladie fait des progrès rapides, que doit-on faire.

Il ne faut pas hésiter à appeler un vétérinaire et surtout se garder des empiriques.

Qu'appelez-vous empiriques.

Des ignorants qui, dépourvus de connaissances médicales, exploitent la crédulité publique et prétendent guérir les animaux avec des recettes secrètes et des grimaces.

N'y a-t-il pas un certain nombre d'indispositions simples de leur nature que le cultivateur doit savoir soigner.

Il y en a plusieurs telles que la diarrhée des jeunes veaux, la suffocation, le mal du pis de la vache, la météorisation, la cocotte, la pourriture, la gale, le piétin.

La diarrhée.

D'où provient a diarrhée des veaux.

La diarrhée des veaux est quelquefois la conséquence

d'une indigestion, elle est alors très-bénigne, et peut être guérie facilement en faisant avaler à l'animal un verre de vin mélangé de moitié d'eau fraîche, ou bien encore un quart de litre de décoction de rhubarbe.

Plusieurs personnes arrètent également la diarrhée en faisant prendre aux veaux une cinquantaine de grammes de craie en poudre.

Quand la diarrhée provient de la mauvaise qualité du lait de la mère, elle revèt souvent un caractère persistant et peut devenir mortelle.

Comment y remédier.

Faire prendre au veau une vingtaine de grammes de rhubarbe ou de magnésie dans une infusion de camomille, et lui faire tèter une autre vache, ou tout au moins changer la nourriture de la mère.

La suffocation.

Comment l'engorgement du gosier se produit-il.

Il arrive quelquefois au vacher négligeant de laisser manger à son bétail des raves, des pommes de terre, des betteraves et autres racines sans les avoir suffisamment mises en morceaux. Ces aliments s'arrètent dans le gosier de l'animal, gènent sa respiration et engendrent parfois sa complète suffocation.

De quelle manière débarrassez-vous l'animal.

En faisant descendre dans son gosier un nerf de bœuf, ou une baguette flexible au bout de laquelle on a pris soin de fixer un tampon de linge enduit de graisse.

Mal du pis des vaches.

Quels sont les accidents qui peuvent survenir au pis des vaches et que le cultivateur doit savoir soigner.

Les trayons peuvent se couvrir de crevasses très-nombreuses. Le pis peut être plus ou moins enflé, comme il arrive aux génisses à leur première parturition, ou bien encore l'induration peut se produire par suite d'un état maladif, ou faute d'avoir le soin de traire la vache à fond après l'allaitement du veau.

Qu'y a-t-il à faire.

Dans le premier cas, on enduit le pis avec du saindoux ou du cérat; dans le second, on lotionne le pis avec une décoction de racine de guimauve quand l'engorgement est récent et s'il est ancien on est quelquefois obligé d'employer les liniments volatils camphrés, mélangés d'onguent mercuriel; mais il faut de toute manière et avant tout traire à fond l'animal avec régularité.

Météorisation.

D'ou provient la météorisation ?

De la formation et de l'accumulation d'une grande quantité de gaz qui tendent et gonflent les parois de l'abdomen, bouchent les issus, et interceptent la respiration.

Quelles sont les plantes qui engendrent la météorisation ?

Le trèfle et la luzerne fraîchement coupés, trop abondamment distribués à l'étable, ou pâturés après la rosée par un temps chaud et sec occasionnent l'enflure et souvent la mort des animaux.

La pomme de terre crue, la feuille de rave, les choux et une nourriture quelconque avalée trop gloutonnement peuvent déterminer le même accident.

A quel symptôme la reconnait-on ?

La météorisation est facile à connaître au gonflement et à la tension du ventre. En outre, l'animal allonge le cou, ouvre les narines et fait de vains efforts pour respirer librement.

Comment y remédier tout d'abord ?

Jeter sur le dos de l'animal des sceaux d'eau froide, lui faire boire un breuvage très-salé, ou bien encore un verre d'huile d'olive, le frictionner fortement et par dessus tout le soutenir avec des courroies, des draps ou des sangles pour l'empêcher de tomber.

Pourquoi redoute-t-on la chute de l'animal ?

La chute de l'animal détermine toujours un déchirement intérieur de la panse qui entraîne la mort immédiate ; aussi recommande-t-on de soutenir la bête souffrante, soit en l'appuyant d'un côté sur un mur soit en lui passant sous le ventre un drap à l'aide duquel quatre hommes peuvent la maintenir en état d'équilibre.

N'y a-t-il pas encore un autre remède très-efficace ?

Administrées à temps, deux ou trois cuillerées d'alcali (ammoniaque), étendues dans un demi-litre d'eau sont aussi d'un effet très-prompt et presque certain.

A quels signes reconnaît-on que la crainte du danger disparaît ?

A l'évacuation de l'urine et de la fiente, à une émission abondante de gaz par la bouche de l'animal et à la diminution de tension de l'abdomen.

Si malgré tous les soins indiqués le mal augmente, que doit-on faire ?

Il faut avoir recours à la ponction. Cette opération consiste à enfoncer un instrument appelé trocart dans le flanc gauche de l'animal à égale distance de la hanche et des côtes. A défaut de trocart on peut opérer l'animal avec une lame de couteau.

Cocotte.

Qu'est-ce que la cocotte ?

C'est une maladie contre laquelle on n'a pu trouver

jusqu'ici de remède assuré, et qui se propage par con-
tagion alors même qu'il n'y a pas de contact immédiat
avec un animal malade.

La cocotte a-t-elle toujours la même intensité ?

La cocotte peut se présenter sous deux formes distinctes ; ou bien les symptômes sont graves, et il faut
avoir recours au vétérinaire, ou bien la maladie est bé-
nigne, elle est alors de courte durée, et ne nécessite que
quelques soins.

Tous les animaux sont-ils sujets à cette maladie ?

Elle s'attaque à tous les animaux qui ont le pied
fourchu, aussi la voyons-nous sévir sur les espèces
ovine, bovine, porcine et caprine. Les chevaux n'en sont
même pas exempts.

Quels sont les effets produits par la cocotte sur le bétail ?

La bouche des animaux bave et écume, la langue
enfle et se couvre d'ampoules. La sécrétion diminue et
souvent disparaît chez les vaches. Les pieds supportent
difficilement le corps.

Tous ces symptômes sont plus ou moins prononcés,
suivant la gravité de la maladie.

Indiquez les précautions à prendre pendant cette maladie?

Tenir les animaux dans une propreté absolue, leur
laver les pieds, les changer de litière chaque jour, et
leur distribuer des aliments rafraîchissants.

Sait-on comment cette maladie se propage ?

On n'a pu jusqu'ici découvrir de quelle manière elle
se propage : En effet, nous la voyons sévir sur des bêtes
qui pâturent aussi bien que sur les sujets élevés en
stabulation complète et n'ayant aucune communication
avec le dehors.

Occasionne-t-elle des pertes sensibles ?

Quoique peu dangereuse, elle ruine le cultivateur,
car elle fait dépérir son bétail, empêche ses vaches de

nourrir leurs veaux, et rend les animaux impropres au travail pendant une assez grande période de temps, surtout lorsqu'elle occasionne la chute des sabots.

Pourriture ou cachéxie.

Qu'est-ce que la pourriture ?

C'est une décomposition du sang, qui atteint les bêtes ovines et qui provient de l'humidité des pâturages et quelquefois aussi du genre de nourriture.

Cette maladie, bien que non contagieuse, attaque souvent un troupeau tout entier et fait périr les animaux en quelques mois, si l'on n'emploie pas les moyens de la combattre.

Indiquez-nous les symptômes de cette maladie ?

La pâleur des naseaux et de la bouche, la couleur jaunâtre des yeux, la sécheresse de la laine, et enfin la diarrhée, qui est l'indice de la dernière période de la maladie.

Quel est le signe caractéristique de cette maladie ?

La bouteille, ou le goître ; on désigne ainsi un amas d'eau qui se forme sous la ganache de la bête à laine lorsque les animaux ont pâturé : cette difformité disparaît pendant le repos de la nuit.

Connaissez-vous quelques préservatifs ?

Assainir les pâturages, et donner une nourriture plus substantielle aux brebis.

L'adjonction du sel dans les aliments est aussi très-recommandée.

N'existe-t-il pas quelques remèdes efficaces ?

On en a jusqu'ici beaucoup essayé mais ils sont pour la plupart, à cause de leur prix, hors de la portée du cultivateur.

Gale.

Que dire de la gale du mouton ?

Qu'elle est une cause d'amaigrissement des animaux, et de perte considérable de laine pour les propriétaires de troupeaux.

Comment se préserver de cette maladie ?

Par la propreté des étables, et par le soin de ne jamais laisser son troupeau paitre avec des animaux atteints de cette maladie.

Que doit faire le propriétaire d'un troupeau galeux ?

Quand les animaux n'ont pas une grande valeur, et surtout quand ils se trouvent dans un village ou les troupeaux sont déjà infectés, il n'y a pas d'autre remède au mal qu'une entente générale des propriétaires pour vendre leurs bêtes.

Il est prudent d'attendre quelques mois avant de remonter sa bergerie qui a dû être parfaitement nettoyée et passée au lait de chaux.

Lorsque l'animal atteint de cette maladie est une bête de prix, y a-t-il quelques moyens d'arrêter le mal ?

Il faut l'isoler du troupeau, le tondre, laver au savon noir les parties malades, puis bassiner ces parties avec de l'huile de pétrole.

Piétin.

Qu'est-ce que le piétin ?

C'est un ulcère qui affecte d'abord le sabot et plus tard la couronne des pieds des bêtes à laine et peut déterminer la chute des onglons.

A quels symptômes le reconnaissez-vous ?

Le piétin commence par le décollement de l'ongle près du talon.

Le sabot devient alors chaud et douloureux, l'animal boite et dépérit sensiblement, surtout quand il a plusieurs pieds attaqués.

Comment combattre le piétin ?

Isoler la bête malade — car le piétin se communique avec la plus grande facilité à tout un troupeau — la placer sur une litière sèche, lui enlever la portion de corne attaquée, sans toutefois provoquer l'évasion du sang, et laver la plaie avec une eau qui est vendue dans les pharmacies sous le nom d'*Eau verte*.

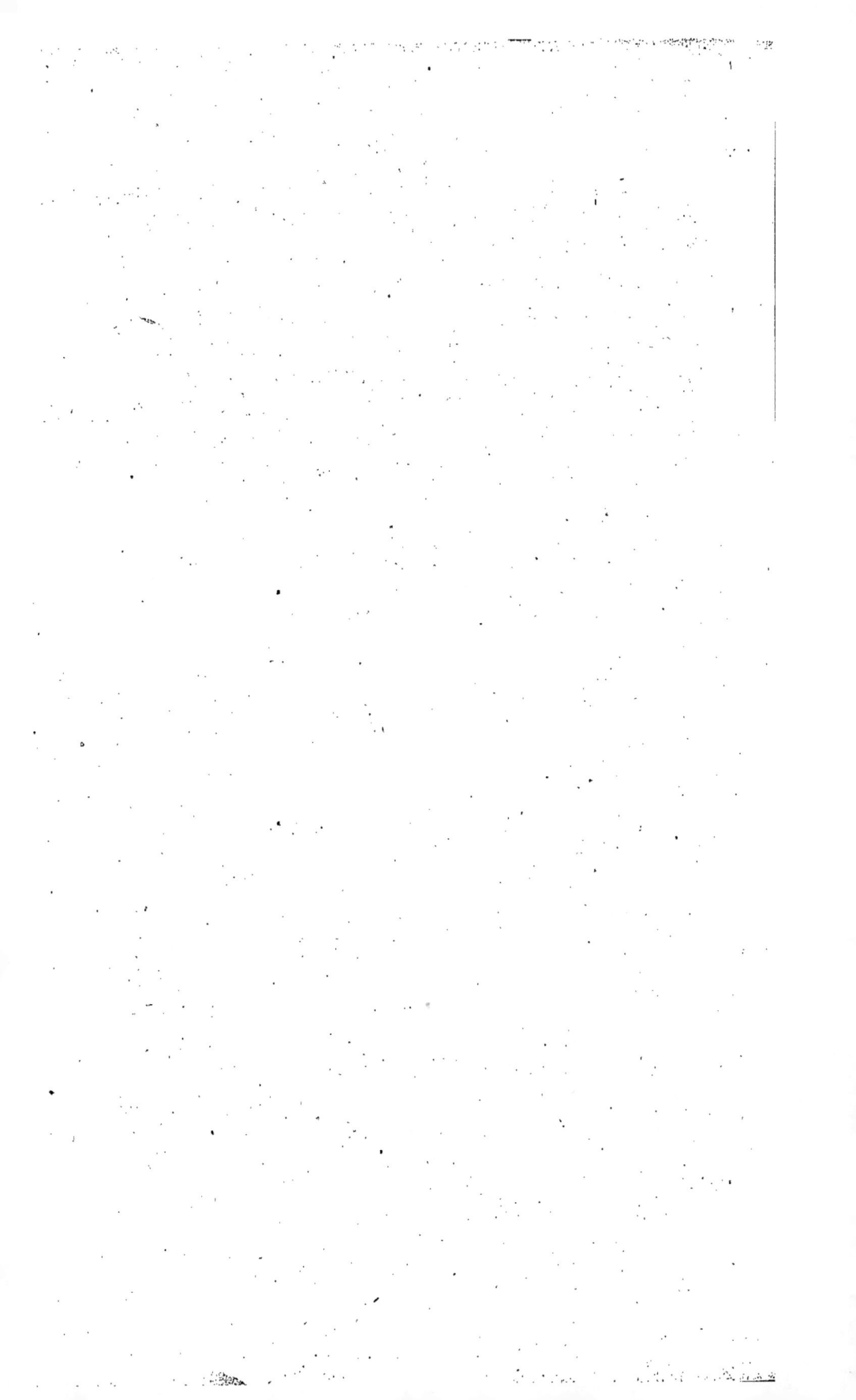

ONZIÈME PARTIE

CULTURE POTAGÈRE, FRUITIÈRE, GREFFE ET PLANTATIONS

CHAPITRE I

CULTURES POTAGÈRES

Qu'est-ce que le jardin potager dans une exploitation agricole?

Une parcelle de terre, spécialement consacrée à la production des légumes et des fruits comestibles.

Quelle est son utilité?

Il fournit à la ménagère les légumes destinés à la nourriture du personnel de la ferme. Il doit donc être situé à portée de l'habitation et proportionné par sa dimension à l'importance de ce personnel en calculant sur 2 ares par tête.

Pourquoi réserve-t-on un emplacement spécial pour les légumes comestibles?

Parce que ces plantes, étant plus délicates que les plantes ordinaires des champs, demandent des soins exceptionnels, une surveillance de tous les instants, et une terre préparée avec une perfection toute spéciale.

Que doit-on surtout rechercher pour cet emplacement?

Une exposition chaude et abritée, un sol léger, friable et parfaitement épierré, une grande profondeur de terre soit naturelle soit obtenue par défoncement, et la proximité de l'eau, car l'arrosage joue dans la production des légumes un rôle considérable.

Existe-t-il pour la culture de ces plantes un ordre de succession obligé?

Les légumes comestibles étant de nature très-diverse et consommés les uns en racines ou en feuilles, les autres en fruits ou en grains, empruntent à la terre des principes très-différents et doivent par suite être soumis comme les plantes de grande culture à la règle de l'assolement.

Précisez la succession la mieux appropriée à ces cultures?

La meilleure organisation répartit la culture en trois soles sur lesquelles on fait successivement passer :

La 1re année, après un apport très-abondant de fumier, les légumineuses herbacées, telles que les choux, les laitues, les poireaux.

La 2me année, les légumineuses racines : carottes, navets, oignons, qui recherchent surtout l'humus et le fumier très-consommé.

La 3me année est réservée aux plantes qui se récoltent en graine : les haricots, les pois, les lentilles.

Quels sont les soins généraux les plus propres à maintenir le potager en bon état?

Les soins d'entretien les plus nécessaires dans un potager sont ceux qui ont pour but d'enlever les mauvaises herbes, de rendre à la terre sa perméabilité par des binages, chaque fois que les grandes chaleurs ont durci la surface du sol, et de fournir aux plantes, par l'arrosage dans les temps de sécheresse, l'eau indispensable à leur développement.

Comment se reproduisent les plantes potagères?

Par l'ensemencement de leurs graines. Le plus souvent on fait les semis en pépinière et on ne met la plante à sa place définitive qu'après qu'elle a acquis une certaine force. Cette opération nommée repiquage est surtout usitée dans la culture des choux, des laitues et des oignons.

CHAPITRE II

CULTURES FRUITIÈRES

Quel est le rôle des arbres à fruit dans les exploitations agricoles ?

Les arbres à fruit jouent dans l'agriculture un rôle des plus importants. La vigne, l'olivier, le mûrier, couvrent la plus grande partie des départements méridionaux ; le noyer, le prunier, le cerisier, le pêcher, sont dans les climats tempérés des sources de revenu souvent considérables. En Limousin, il n'y a pas de métairie bien organisée qui ne possède des plantations de pommiers et de châtaigniers dont elles se passerait difficilement.

Quel est le sol qui convient le mieux aux arbres fruitiers ?

En exceptant la vigne, qui réussit dans les terrains pierreux, et le châtaignier qui s'accommode des sols granitiques, il faut aux arbres fruitiers une terre saine, calcaire, friable et profonde. Les sols humides nuisent à la production des fruits parce qu'ils fournissent aux arbres une séve trop aqueuse.

Quelle est la meilleure exposition pour les arbres fruitiers ?

On doit choisir une exposition chaude et abritée et préférer les flancs de coteaux bien aérés aux fonds trop exposés à la gelée tardive.

Enoncez les principales opérations de la culture fruitière ?

Ce sont :

La multiplication par emis, boutures, marcottes ou rejetons, greffe; la plantation et la transplantation.

L'entretien des arbres comprenant la taille et l'échenillage.

L'entretien du sol planté : fumure, sarclage, binage.

Qu'appelez-vous multiplication par semis ?

C'est la reproduction qui s'obtient en semant au printemps les graines, les noyaux, les pépins de l'arbre que l'on veut reproduire. Elle est peu usitée.

Et la multiplication par boutures, comment la faites-vous ?

En fixant dans une terre fraîche, friable et riche, une jeune branche, ou mieux encore, un bourgeon coupé sur le sujet à multiplier. Sous l'influence de la chaleur et de l'humidité, la branche pousse des racines et devient arbre. Cette opération est particulièrement usitée pour la vigne, l'olivier, le groseiller.

Donnez-nous des détails sur la multiplication par marcottes ?

Au lieu de couper avant de la mettre en terre la branche que l'ont veut enraciner, on l'entoure d'un cornet rempli de terre humide ou on la courbe et on la fixe dans le sol par un crochet. On a d'ailleurs soin, dans ce dernier cas, d'en relever l'extrémité hors de terre et de la maintenir verticale par un piquet. L'année suivante, cette branche a poussé des racines et peut être détachée du sujet qui lui avait donné naissance.

Qu'est-ce que la multiplication par rejeton ?

Les extrémités des racines du prunier, du cognassier, de l'olivier, du noisetier et de quelques autres arbres, ont la propriété de former des bourgeons qui sortent de terre et donnent naissance à de jeunes pousses nommées rejetons. Il suffit de couper ces rejetons de façon à leur conserver une racine pour avoir du jeune plant de l'espèce à laquelle ils appartiennent.

Quels sont les inconvénients de ces diverses méthodes?

Les sujets venus par semis restent bien des années avant de produire, ceux qui proviennent de boutures et de marcottes manquent généralement de force et s'épuisent rapidement.

Comment est-on arrivé à les éviter?

Au moyen de la greffe.

CHAPITRE III

DE LA GREFFE

Qu'est-ce que la greffe ?

C'est une opération qui a pour résultat de faire nourrir par les racines et la tige d'un arbre en pleine venue les branches et les boutons à fruit d'une espèce perfectionnée. La greffe change donc la tête et, par conséquent, les fruits de l'arbre sur lequel elle est pratiquée.

Comment peut-on réaliser ce résultat ?

En soudant sur un arbre fruitier des branches et des bourgeons appartenant à la variété d'arbre à fruit que l'on veut multiplier.

La soudure s'obtient en établissant un contact parfait entre les couches corticales du sujet greffé et de la greffe. Quand cette soudure a eu lieu, la séve passe régulièrement du sujet greffé à la greffe qui conservent cependant l'un et l'autre les caractères de leur espèce.

Y a-t-il plusieurs espéces de greffes?

Il existe un grand nombre de manières de greffer. Les plus usitées sont :

La greffe en fente.
— en couronne.
— en écusson.
— en flûte.
— par approche.

10

Expliquez-nous comment on greffe en fente?

On coupe en travers la tête du sujet E destiné à recevoir la greffe, puis on pratique sur le sommet de la
tige étêtée une fente verticale profonde de quatre à
cinq centimètres dans laquelle on introduit un bourgeon A B C D taillé en biseau, pris sur l'arbre que l'on
veut multiplier.

Il est essentiel pour la réussite de l'opération que
l'écorce du bourgeon rapporté affleure d'une manière
bien exacte celle de la tige que l'on greffe.

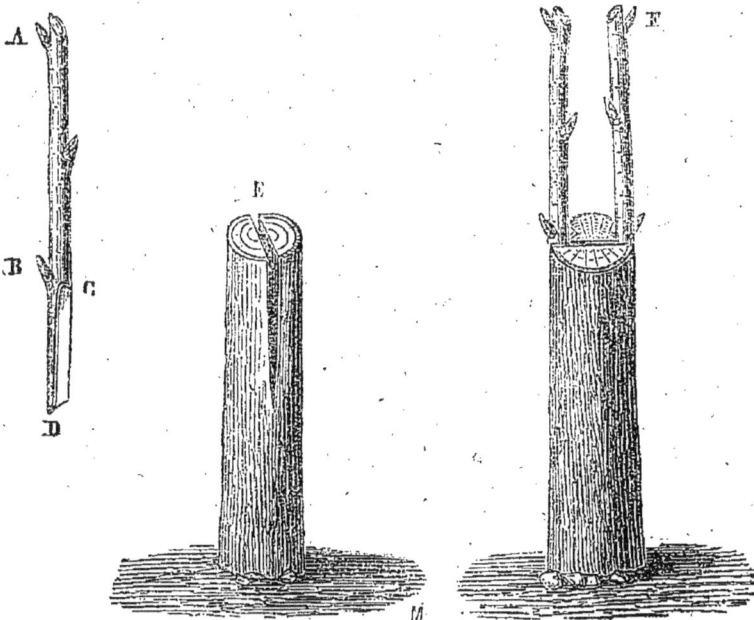

Fig. 12. — Greffe en fente.

Il ne reste plus alors qu'à abriter les parties végétales
mises à vif contre les effets de l'air, du soleil, de la
pluie ; on les enduit donc d'une matière grasse et on
les enveloppe de linge à peu près comme on pourrait le
faire d'une plaie animale.

Quelles sont· les matières grasses généralement employées pour recouvrir les greffes ?

Il existe pour cet usage des préparations spéciales composées de poix, de résine, de cire et de suif fondus ensemble. On peut y suppléer en pétrissant ensemble de la bouse de vache et de la terre glaise, de façon à composer une pâte consistante. Ce dernier mélange est connu sous le nom d'onguent de Saint-Fiacre.

Comment greffe-t-on en couronne ?

Au lieu de fendre, comme nous venons de le dire, la tête du sujet à greffer, on se borne à en inciser l'écorce et dans cette incision on introduit un bourgeon découpé de manière à la remplir exactement.

Fig. 13. — Greffe en couronne.

On peut ainsi souder des bourgeons tout autour de l tête de l'arbre et former une sorte de couronne, de là le nom de greffe en couronne.

Ce genre de greffe est surtout appliqué aux sujets trop gros pour être fendus.

A quelle époque s'effectue la greffe en couronne ?

Entre la fin de l'hiver et le commencement de la séve ascendante.

Expliquez-nous la greffe en écusson ?

On lève sur l'arbre dont on veut reproduire l'espèce, une plaque d'écorce portant un bouton ou plusieurs bourgeons, on la taille en écusson en ayant soin d'enlever tout le bois qui pourrait rester derrière la couche corticale. Sur l'écorce du sujet à greffer on fait une double incision en croix, et par cette incision on introduit entre l'écorce et le bois mis à nu l'écusson qu'on vient de préparer, en s'assurant que le contact de l'écusson et de l'arbre est parfait. On resserre alors l'entaille au moyen d'un fil de laine sans blesser l'œil qui doit rester découvert.

Quand la greffe est prise, on coupe la tête de l'arbre au-dessus de l'écusson.

Quel nom reçoit cette méthode de greffer en Limousin ?

Ce genre de greffe est connu en Limousin sous le nom de greffe à bouton. On l'emploie surtout pour rapporter des boutons à fruit sur les arbres qu'une trop grande vigueur de végétation rend improductifs.

A quelle époque greffe-t-on en écusson ?

Au printemps et à l'automne. La greffe de printemps donne une pousse immédiate. La greffe d'automne ne produit de bouton qu'au retour de la séve ascendante, mais alors sa végétation est très-vigoureuse.

Comment se pratique la greffe en flûte ?

Au moment ou les arbres sont en pleine séve, on choisit sur le sujet à greffer et sur celui qui doit fournir la greffe deux branches de même grosseur, on les coupe toutes les deux en travers, puis on enlève au-dessous de la coupure du sujet A un anneau d'écorce que l'on remplace par un anneau de même dimension B portant un œil pris sur la branche choisie pour greffe. On serre cette bague contre le bois avec de la laine et on mastique le dessus (*figure* 15).

Ce procédé est employé en Limousin pour la greffe des châtaigners.

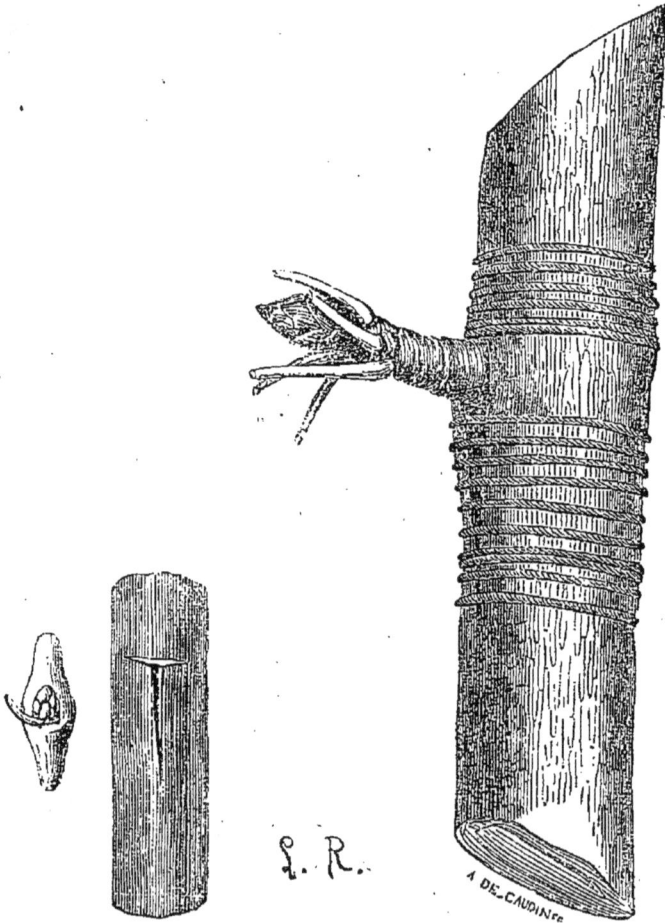

Fig. 14. — Greffe en écusson (employée pour les rosiers ou pour porter sur un arbre un bouton à fruit).

Qu'est-ce que greffer par approche ?
Cette greffe n'est applicable qu'à deux arbres planté

10.

très-près l'un de l'autre. Sur les parties des tiges qui
se font vis-à-vis on enlève à la même hauteur deux

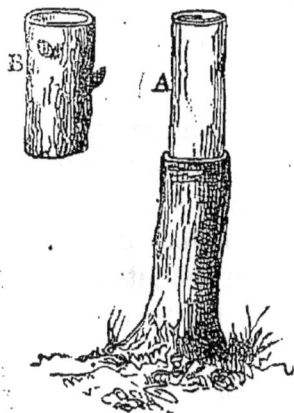

Fig. 15. — Greffe en flûte (employée pour le châtaignier.)

languettes d'écorce exactement semblables, puis on
rapproche les deux arbres de manière à établir entre
ces deux plaies un contact parfait. On lie solidement

Fig. 16. — Greffe par approche.

à la hauteur de ce contact et on recouvre de mastic.
Cette greffe est très-employée pour forme des cordons,
On la pratique au printemps.

Ne l'emploie-t-on que pour les arbres fruitiers ?

Elle sert utilement à faire des clôtures de charme ou de buisson dans lesquelles toutes les branches sont soudées ensemble et forment une sorte de treillage vivant peu coûteux à entretenir et très-résistant contre les animaux.

Connaissez-vous les avantages qui font préférer la multiplication par greffe à l'ensemencement ?

La greffe s'appliquant à des arbres de tout âge, permet d'obtenir promptement des fruits et de rajeunir en quelque sorte les vieux sujets devenus improductifs.

Elle assure mieux qu'aucune autre la reproduction exacte d'une espèce déterminée.

Elle fournit des arbres beaucoup plus productifs que les arbres francs de pied.

Comment contribue-t-elle à augmenter la fécondité des arbres fruitiers ?

Parce que la fructification n'a lieu que sous l'influence d'une circulation un peu lente de la séve et que l'un des effets des blessures occasionnées par la greffe est de gêner et de ralentir le mouvement séveux.

Peut-on indifféremment greffer les unes sur les autres toutes les essences d'arbres ?

Les arbres de même famille et de conformation très-analogue peuvent seuls être greffés les uns sur les autres.

CHAPITRE IV.

PLANTATION ET TRANSPLANTATION DES ARBRES.

Comment doit-on préparer une plantation ?

Pour préparer une plantation, il convient de faire

plusieurs mois à l'avance les trous destinés à recevoir les arbres afin que la terre qui environnera les racines puisse s'améliorer sous l'action puissante du soleil et de l'air.

Quelles dimensions doit-on donner à cette excavation?

Il faut autant que possible lui donner un mètre en tout sens pour que les racines de l'arbre dans leur premier développement trouvent à leur portée un sol d'une pénétration facile.

Cette nécessité de planter sur des trous est-elle admise par tous les praticiens ?

Quand il s'agit de planter des arbres sur des brandes, les arboriculteurs allemands préfèrent, au lieu d'enfoncer l'arbre dans la terre, le poser sur la surface du sol et le chausser en rapportant de la terre tout autour de son pied. Ils prétendent qu'alors la décomposition des herbes et bruyères qui les entourent fournissent aux racines une nourriture très-précieuse.

Quand on plante dans des trous préparés à l'avance faut-il enfoncer le plan dans le sol?

Non, il convient de tenir les racines aussi près que possible de la surface pour que l'air arrive facilement jusqu'à elles.

Enumérez-nous les précautions à prendre pendant la plantation?

Il faut :

1º Ne laisser à l'arbre que ses branches principales et retrancher les rameaux inutiles ;

2º Mettre l'arbre dans la même orientation qu'il occupait auparavant, c'est-à-dire tourner du côté du nord le côté qui était habitué à y être;

3º Traiter les racines avec beaucoup de précautions, couper celles qui aurait été mâchées;

4º Si la terre du trou n'est pas bonne, en apporter de meilleure pour recouvrir les racines ;

5° Répandre et fouler avec soin cette terre au pied
de l'arbre, de façon à ce qu'elle remplisse les vides
compris entre les radicelles.

*Et une fois les arbres plantés, que feriez-vous pendant leur
croissance ?*

Je les taillerais, je binerais au moins une fois par an
le sol qui les entoure, je racourcirais un peu les branches
des arbres voisins qui pourraient gêner leur croissance
et je couperais tous les rejetons qui pousseraient à leur
pied.

CHAPITRE V

DE L'ENTRETIEN DES ARBRES : TAILLE, ÉCHENILLAGE.

Pourquoi taille-t-on les arbres forestiers ?

Pour régler la force de végétation de leurs diverses
parties et donner à l'ensemble de leurs branches un
équilibre favorable à leur développement régulier et
qui offre au vent une plus forte résistance.

Et la taille des arbres fruitiers, quel est son but ?

Elle se propose plus spécialement de concentrer toute
l'activité de la séve sur la production des fruits.

Quels soins doit-on apporter dans la section d'une branc e

La section doit toujours être nette et parfaitemen
unie afin que les eaux pluviales ne puissent s'y arrê-
rêter.

Et quand c'est une grosse branche et qu'elle part du tronc?

On la coupe rèz le tronc en suivant les règles précé-
dentes ; puis on passe au pinceau une couche de coaltar (goudron de gaz) sur la plaie. A défaut de coaltar on
emploie quelquefois d'autre matières grasses, mais qui
sont loin de produire le même effet.

Pourquoi couper ainsi réz le tronc ?

Parce qu'on a remarqué qu'en coupant la branche à quelques centimètres du tronc (autrement dit en laissant des chicots) on occasionnait la pourriture des arbres.

Cette assertion est facile à vérifier dans les châtaigneries du Limousin, où faute de suivre cette méthode on perd annuellement une quantité d'arbres.

Dans quel but fait-on le pansement au coaltar ?

Le pansage au coaltar garantissant les plaies contre l'action du soleil, de l'air et de l'eau, les empêche de se creuser et prévient ainsi la pourriture de l'arbre.

CHAPITRE VI

ENTRETIEN DU SOL PLANTÉ.

Quels sont les soins à donner au sol planté ?

On doit pendant plusieurs années piocher ou labourer le sol qui entoure le pied des jeunes arbres.

Dans quel but ?

Pour que la chaleur, l'air et les autres agents naturels puissent pénétrer plus facilement jusqu'aux racines favoriser le développement des fibres radiculaires. sont les organes essentiels de la végétation.

DOUZIÈME PARTIE

ENNEMIS ET AUXILIAIRES DE L'AGRI-
CULTURE

*Quels sont les animaux ou les insectes nuisibles à l'agri-
culture?*

On en compte un grand nombre en tête desquels il
faut placer les hannetons et leur larve appelée ver
blanc, les courtilières, les mulots, les limaces, les chenilles et une série d'insectes tels que les altises, les
charençons, la fausse teigne et l'alucite.

Quel genre de ravage occasionnent-ils?

Les mulots et autres rongeurs dévorent les semailles
et les plantes sur pied; les vers du hanneton, les cour-
tillères attaquent les racines et occasionnent la mort
des plantes. Les limaces, les altises et les chenilles produisent le même résultat en rongeant les feuilles; les
charençons, la fausse teigne et l'alucite s'attaquent aux
grains conservés dans les greniers et les détériorent ou
les détruisent.

*Quels sont les moyens les plus propres à arrêter ces
ravages?*

Pour détruire les limaces et les vers blancs on passe
sur le sol un rouleau très-lourd qui le tasse fortement
et qui écrase les animaux qu'il contient. Contre les mulots et les rongeurs on emploie des piéges de toutes
sortes. Pour empêcher la multiplication des chenilles on
coupe au printemps les branches des arbres fruitiers

envahies par les nids de ces insectes et on les brûle. Enfin on combat le développement des charençons, de la fausse teigne, de l'alucite dans les greniers en remuant fréquemment les blés à la pelle. Ce mouvement tend à chasser et à faire périr les larves.

L'efficacité de ces remèdes est-elle complète ?

Elle est bien loin de l'être et les fruits du travail de l'agriculteur seraient promptement perdus si la nature en lui avait donné de puissants et infatigables auxiliaires.

Quels sont ces auxiliaires ?

Ce sont les animaux et les oiseaux qui ont pour nourriture les animaux et les insectes nuisibles à l'agriculture.

Nommez les principaux auxiliaires de l'agriculture ?

Les taupes qui fouillent la terre pour rechercher les vers blancs et les larves de toute espèce ; les hérissons qui ne vivent que de mulots, de serpents et de limaces ; les belettes, les couleuvres, les hiboux, les chouettes, les chats-huants qui détruisent chaque année des quantités considérables de rats des champs ; les crapauds qui font leur nourriture des limaces ; les chauves-souris qui s'attaquent aux cousins et aux moustiques ; les petits oiseaux qui détruisent les chenilles, les œufs d'insectes, les moustiques de toute espèce.

C'est donc une faute que de détruire ces animaux, de tuer les taupes, les hérissons, les crapauds, de dénicher les nids des petits oiseaux ?

C'est assurément une action très-répréhensible et quand on s'intéresse à l'agriculture, on doit préserver la vie des êtres que Dieu a créés pour défendre nos récoltes contre la voracité des animaux et insectes malfaisants.

TABLE DES MATIÈRES

QUATRIÈME PARTIE.

Les pâturages, les irrigations, l'entretien des prés, la récolte des foins.

CINQUIÈME PARTIE.

Prairies artificielles et fourrages verts.

SIXIÈME PARTIE.

La graine, la semence, l'entretien des plantes, l'assolement.

SEPTIÈME PARTIE.

Des plantes sarclées.

HUITIÈME PARTIE.

Céréales, moisson, battage.

NEUVIÈME PARTIE.

Des animaux de la ferme.

DIXIÈME PARTIE.

Entretien du bétail.

ONZIÈME PARTIE.

Culture potagère, fruitière, greffe et plantation.

DOUZIÈME PARTIE.

65.76. — Boulogne-sur-Seine. — Imp. JULES LOYER.

www.ingramcontent.com/pod-product-compliance
Lightning Source LLC
Chambersburg PA
CBHW060556210326

41519CB00014B/3492